FORSCHUNGSBERICHTE
DES LANDES NORDRHEIN-WESTFALEN

Herausgegeben durch das Kultusministerium

Nr. 686

Dr.-Ing. Dietrich Wartenberg

Bergakademie Clausthal-Zellerfeld

Untersuchungen über die Stromzuführung und den elektrischen Antrieb beim Vermessungskreisel

Als Manuskript gedruckt

Springer Fachmedien Wiesbaden GmbH

ISBN 978-3-663-03840-5   ISBN 978-3-663-05029-2 (eBook)
DOI 10.1007/978-3-663-05029-2

Gliederung

1. Einführung . . . . S. 5
2. Untersuchung des Kreisels in Luft-, Helium- und Wasserstoffatmosphäre . . . . S. 6
   2.1 Zweck der Untersuchungen . . . . S. 6
   2.2 Versuchsanordnung . . . . S. 7
   2.3 Gas- und Lagerreibung . . . . S. 8
   2.4 Betriebsschlupf . . . . S. 10
   2.5 Leistung und Stromstärke . . . . S. 11
   2.6 Aufteilung der Leistung . . . . S. 11
   2.7 Erwärmungsmessungen . . . . S. 15
   2.8 Folgerungen . . . . S. 17
3. Vergleichende Betrachtungen zum einphasigen und dreiphasigen Betrieb des Vermessungskreisels . . . . S. 17
4. Die Stromzufuhr zur Kreiselkugel . . . . S. 22
   4.1 Allgemeines . . . . S. 22
   4.2 Bisherige Ausführungsformen . . . . S. 22
   4.3 Zuführung von Einphasenstrom . . . . S. 23
   4.4 Stromzufuhr über Metallbandspiralen . . . . S. 24
      4.41 Beschreibung . . . . S. 24
      4.42 Wirkungsweise bei nicht laufendem Kreisel . . . . . S. 26
      4.43 Die Bewegungen des Kreisels unter zusätzlicher Einwirkung des Bandrichtmomentes . . . . S. 26
      4.44 Auswahl der Bänder zur Stromzuführung . . . . S. 29
5. Weisungsmessungen . . . . S. 30
6. Geräte-Zubehör . . . . S. 32
7. Das Verhalten des schweregefesselten Kreisels bei veränderlichem Drehimpuls . . . . S. 34
   7.1 Ergebnis . . . . S. 36
8. Zusammenfassung . . . . S. 37
Literaturverzeichnis . . . . S. 39

1. Einführung

Seit dem Jahre 1947 werden im Institut für Markscheidewesen der Bergakademie Clausthal unter Leitung von Prof. O. RELLENSMANN kreiseltechnische Forschungs- und Entwicklungsarbeiten betrieben. Diese haben bis zum Beginn der in der vorliegenden Arbeit beschriebenen Untersuchungen zu drei Typen von Vermessungskreiselkompassen geführt.

Die beiden zuerst entwickelten Typen wurden von der Kreiselmeßstelle der Abteilung Markscheidewesen der Westfälischen Berggewerkschaftskasse Bochum durchkonstruiert und unter der Bezeichnung Meridianweiser (MW) laufend im Ruhrkohlenbergbau für untertägige Richtungswinkelbestimmungen eingesetzt. Der z.Z. verwendete zweite Typ hat seiner Aufgabe entsprechend folgende charakteristische Merkmale:

Das Kernstück, die Einkreiselkugel, wird wie beim Anschützschen Schiffskreiselkompaß durch Flüssigkeitsauftrieb getragen und horizontiert und durch eine Spule elektromagnetisch innerhalb der gerätefesten Hüllkugel zentriert.

Die Stromübertragung erfolgt elektrolytisch von drei Graphitelektroden der Hüllkugel über die schwach angesäuerte Trageflüssigkeit auf drei gegenüberliegende Graphitelektroden der Kreiselkugel.

Die Richtung wird optisch durch Autokollimation abgenommen.

Das Gerät ist robust gebaut, transportsicher und schlagwettergeschützt.

Mit einer luftgefüllten Kreiselkugel hat das Gerät eine Leistungsaufnahme von ca. 240 W.

Als Energiequelle dient ein schlagwettersicherer Druckluft-Turbo-Generator von 2 kW.

Der dritte Typ ist das Clausthaler Laborgerät

Wie es der Laborbetrieb naturgemäß mit sich bringt, sind an diesem Gerät wiederholt Änderungen und Experimente vorgenommen worden, so daß es in seinem äußeren Aufbau einen labormäßigen Charakter aufweist. Seine Hauptmerkmale nach dem Stande von 1955 sind:

Die Einkreiselkugel wird durch Flüssigkeitsauftrieb getragen und durch eine Bandhängung zentriert. Hüllkugel und Blasspule sind nicht vorhanden.

Die Stromübertragung erfolgt elektrolytisch über drei elektrisch voneinander getrennte Schwefelsäure-Tauchkontakte.

Die Richtung wird optisch durch Autokollimation abgenommen.

Das Gerät ist transportierbar, wenn die Säure aus den drei Kontaktnäpfen herausgenommen ist.

Mit einer luftgefüllten Kreiselkugel hat das Gerät eine Leistungsaufnahme von 80 W.

Als Energiequelle dient eine transportable Akkumulatorenbatterie in Verbindung mit einem Gleichstrom-Drehstrom-Motorgenerator von 0,5 kVA.

Von Seiten der Kreiselmeßstelle wurde wiederholt die Verkleinerung des Meridianweisers und des Zubehörs als dringendes Bedürfnis hinstellt, da der größte Teil der gesamten Einsatzzeit für die oft umständlichen Transporte unter Tage verlorengeht.

Dem Verfasser war daher die Aufgabe gestellt, ausgehend von den beiden letzten Gerätetypen Untersuchungen anzustellen, um besonders von der elektrotechnischen Seite her eine Verkleinerung des Meßgerätes selbst und des Zubehörs zu ermöglichen. Dabei durfte als wesentliche Forderung die Beibehaltung oder Erhöhung der bisherigen Weisungsgenauigkeit nicht außer acht gelassen werden.

Darüber hinaus war zu untersuchen, welche Forderungen an den elektrischen Antrieb in bezug auf Drehzahlkonstanz gestellt werden müssen, wenn höhere Weisungsgenauigkeit als die bisher erreichte angestrebt wird.

2. Untersuchung des Kreisels in Luft-, Helium- und Wasserstoff-Atmosphäre

2.1 Zweck der Untersuchungen

Gewicht und Volumen des Druckluft-Turbo-Generators bzw. des Umformers zusammen mit dem Akkumulator werden in erster Linie durch die Höhe der zum Betrieb des Kreiselgerätes erforderlichen elektrischen Leistung bestimmt.

Es ist bekannt, daß ein schnell rotierender Kreisel einen großen Teil der zugeführten Leistung zur Überwindung der Gasreibung benötigt. Da die Gasreibung etwa proportional dem Molekulargewicht des Gases ist, läßt sie sich also durch Verwendung eines leichteren Gases herabsetzen. Das leichteste Gas - Wasserstoff - wird deshalb in Schiffskreiselgeräten verwendet. Beim Meridianweiser soll jedoch wegen der in Kohlengruben geforderten Schlagwettersicherheit kein brennbares Gas zur Anwendung kommen. Als Ersatz bietet sich Helium an, welches auch sehr leicht ist und als Edelgas keine Verbindungen mit anderen Elementen eingeht, also auch nicht brennt.

Welche Verbesserungen bezüglich der Gasreibung und der Wärmeabfuhr zu erwarten sind, läßt sich ungefähr abschätzen:

Die Dichten von Luft, Helium und Wasserstoff verhalten sich wie 1 : 0,14 : 0,07 und die Wärmeleitfähigkeiten wie 1 : 6 : 7. Um die tatsächlichen Leistungs- und Kühlungsverhältnisse zahlenmäßig zu ermitteln, wurden im Labor der Kreiselmeßstelle in Dortmund die nachfolgend beschriebenen Versuche durchgeführt.

2.2 Versuchsanordnung

Der Kreiselmotor war in eine vakuumdichte, druckfeste Hohlkugel eingebaut. Bei Füllung der Kugel mit Luft, Helium und Wasserstoff verschiedener Drucke zwischen 0,05 und 1,5 ata wurde der Kreisel im Hochlauf, Dauerbetrieb und im Auslauf untersucht.

Bei Hochlauf und Dauerbetrieb wurden gemessen: Spannung, Strom- und Leistungsaufnahme des Kreiselmotors, Erwärmung der Wicklung (durch Widerstandsmessung), Temperatur der Kugelwandung, Druck und Temperatur der Gasfüllung in der Kugel, Drehzahl bzw. Schlupf des Kreisels (stroboskopisch).

Dazu wurde eine mit dem Kreisel rotierende Strichmarke mit Lichtblitzen von Umformerfrequenz beleuchtet. Die scheinbare Vervielfachung der Marke bei den entsprechenden Bruchteilen der Synchrondrehzahl gestattete die Messung einer großen Anzahl von Drehzahl- bzw. Schlupfwerten.

Beim Auslauf des Kreisels wurde die Kurve $\frac{n}{n_s} = f(t)$, (wobei n die mechanische Drehzahl und $n_s = 339,5$ U/s = const. die vom Umformer vorgegebene Synchrondrehzahl bedeuten), durch Messung von Drehzahl und Zeit aufgenommen. Von den Auslaufkurven ist ein Beispiel in Abbildung 1 dargestellt.

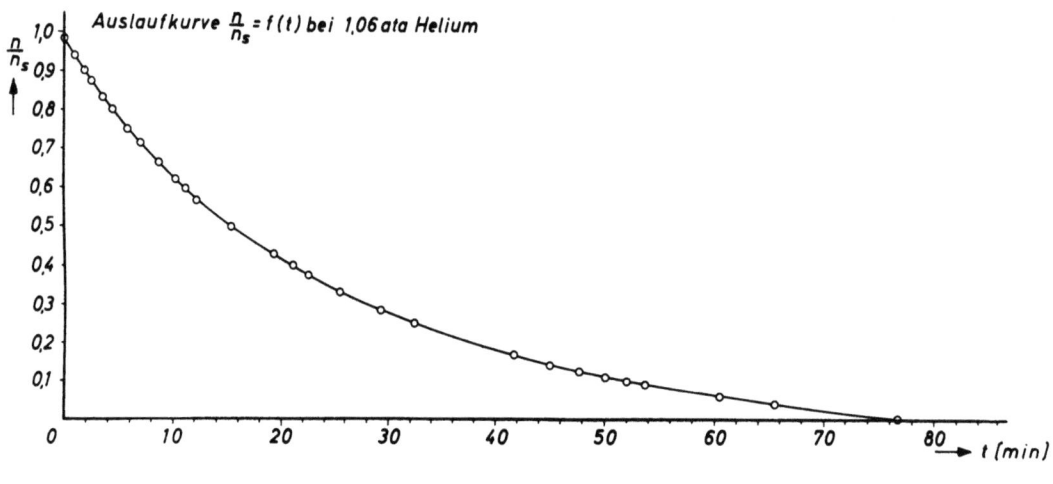

Abbildung 1

Auslaufkurve $\frac{n}{n_s}$ = f (t) bei 1,06 ata Helium

Aus diesen Kurven wurde durch Anlegen der Tangenten punktweise der Differenzenquotient $\frac{\Delta n}{\Delta t}$ und somit angenähert die Winkelbeschleunigung $\frac{d\omega}{dt}$ bestimmt (Winkelgeschwindigkeit $\omega = 2\pi n$).

2.3 Gas- und Lagerreibung

Nach der Beziehung $M = \Theta \cdot \frac{d\omega}{dt}$, Drehmoment = Trägheitsmoment x Winkelbeschleunigung, läßt sich bei bekanntem Trägheitsmoment des Kreselläufers das Drehmoment, in diesem Falle das bremsende Moment von Gas- und Lagerreibung, berechnen.

Das Trägheitsmoment des Kreisels wurde durch Drehschwingungen an einem Torsionsdraht bestimmt.

Das Reibungsmoment von Gas- und Lagerreibung zusammen ist für Luft, Helium und Wasserstoff verschiedener Drucke in den Abbildungen 2 und 3 über dem Verhältnis $\frac{n}{n_s}$ aufgetragen. Man erkennt, daß das Moment mit der Drehzahl etwa parabolisch ansteigt.

Um das Lagerreibungsmoment allein zu ermitteln, wurden die Kurvenscharen M = f (p) mit der Drehzahl als Parameter gezeichnet und nach p = 0 hin extrapoliert. Wegen der Nichtlinearität der Kurven M = f (p) in der Nähe des Vakuums ergeben sich dabei etwas zu hohe Beträge. Diese Tatsache soll jedoch im folgenden unberücksichtigt bleiben, da die Lagerreibung relativ klein ist.

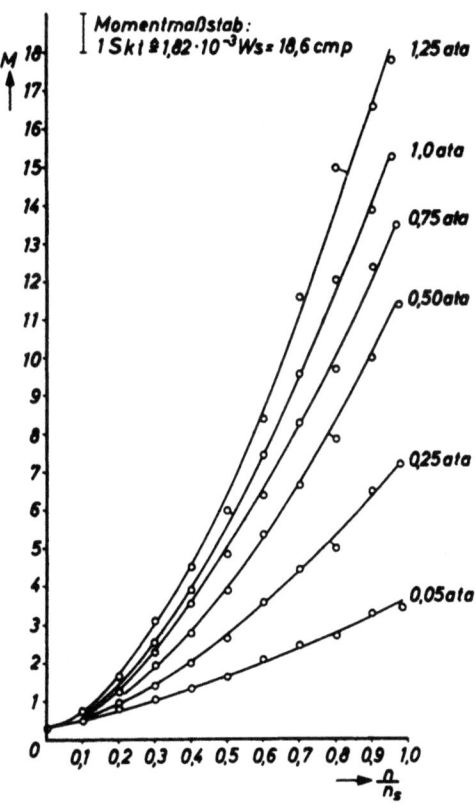

Abbildung 2

Momentenkurven von Luft- plus Lagerreibung
$M = f\left(\dfrac{n}{n_s}\right)$ für verschiedene Werte des Luftdruckes

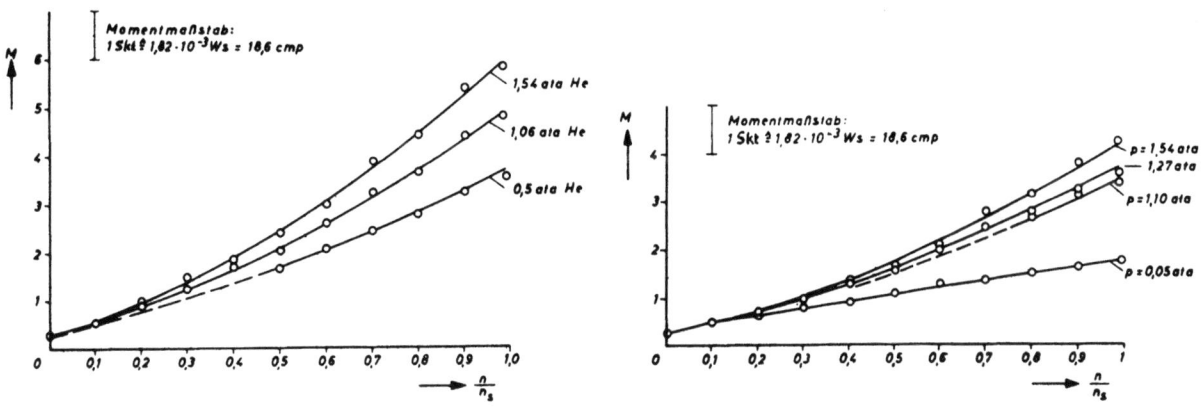

Abbildung 3

a) Momentenkurven $M = f\left(\dfrac{n}{n_s}\right)$ bei Heliumfüllung

für verschiedene Werte des Druckes

b) Momentenkurven $M = f\left(\dfrac{n}{n_s}\right)$ bei Wasserstoffüllung

für verschiedene Werte des Druckes

2.4 Betriebsschlupf

Der Schlupf im stationären Betriebszustand kann im allgemeinen nicht durch Auszählen der Schlupffrequenz (scheinbare Drehzahl der Strichmarke) ermittelt werden, da diese schon bei einem Schlupf von nur 0,02 und einer Synchrondrehzahl von 340 U/s mit 6,8 s^{-1} zum Auszählen zu schnell ist. Sie wurde daher durch rückwärtige Extrapolation der Auslaufkurven bis zum Ausschaltzeitpunkt t = 0 gefunden. Hierzu wurden die in Abbildung 4 in größerem Maßstab dargestellten Anfänge der Auslaufkurven benutzt.

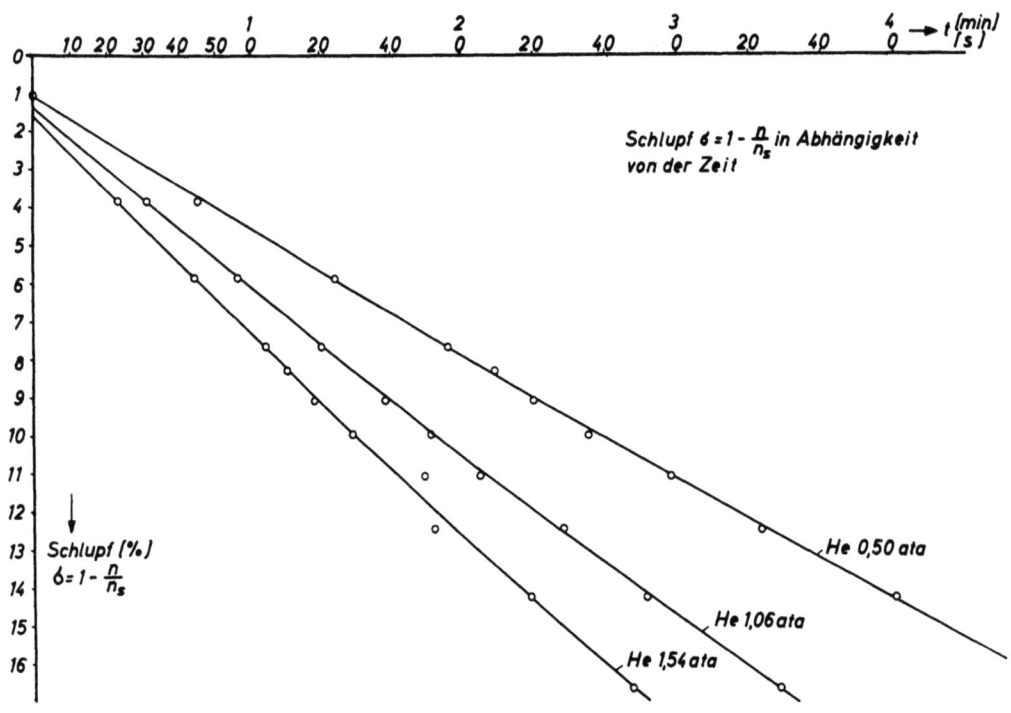

A b b i l d u n g   4

Beginn des Auslaufes in Helium bei verschiedenen Drucken,
Schlupf $\sigma = 1 - \dfrac{n}{n_s}$ in Abhängigkeit von der Zeit

Diese enthalten im Bereich bis 15 % Schlupf eine große Anzahl von Meßwerten, die gut auf einer glatten Kurve liegen, und können daher sehr genau bis zur Ordinatenachse verlängert werden. Den Fehler bei der Bestimmung der relativen Betriebsdrehzahl kann man nach Abbildung 4 etwa mit $\pm$ 0,1 % abschätzen. Die Ergebnisse sind in den Abbildungen 5 und 6 als Funktion des Gasdruckes aufgetragen.

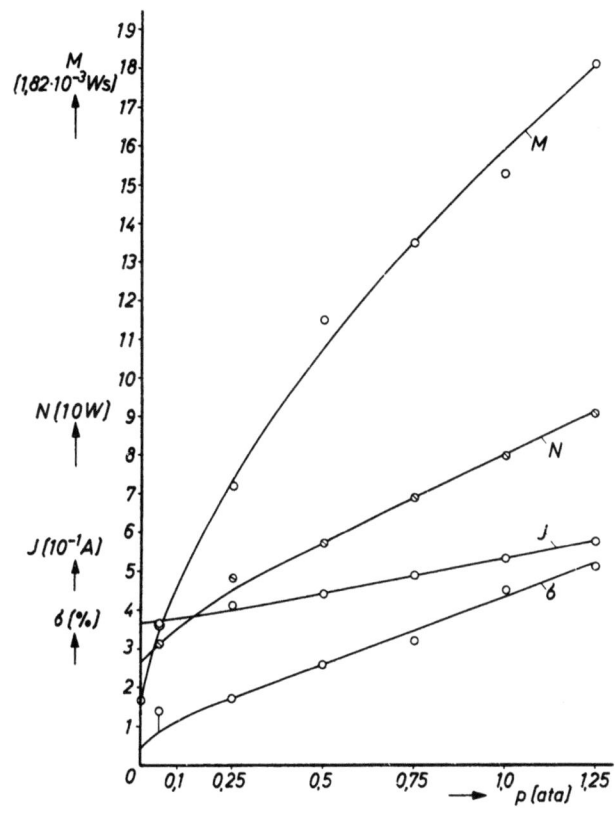

Abbildung 5

Drehmoment, Leistung, Stromstärke und Schlupf
in Abhängigkeit vom Luftdruck

Der Betriebsschlupf beträgt bei 120 V Betriebsspannung und 1 ata Gasdruck in Luft 4,3 %, in Helium 1,4 % und in Wasserstoff 0,9 %.

2.5 Leistung und Stromstärke

Die im stationären Betriebszustand gemessenen Werte der zugeführten elektrischen Leistung und der Stromstärke sind in den Abbildungen 5 und 6 als Funktion des Gasdruckes dargestellt.

Der Leistungsverbrauch des bei 120 V und 1 ata Gasdruck laufenden Kreisels beträgt für Luft 80 W, für Helium 36 W und für Wasserstoff 32 W.

2.6 Aufteilung der Leistung

Die gesamte dem Motor im stationären Betriebszustand zugeführte elektrische Leistung setzt sich in Wärme um. Es ist daher von Interesse zu wissen, wie sich die Gesamtleistung auf die einzelnen Teile des Kreiselmotors verteilt. Erst dann läßt sich sagen, auf welche Weise und wie viel Leistung eingespart werden kann.

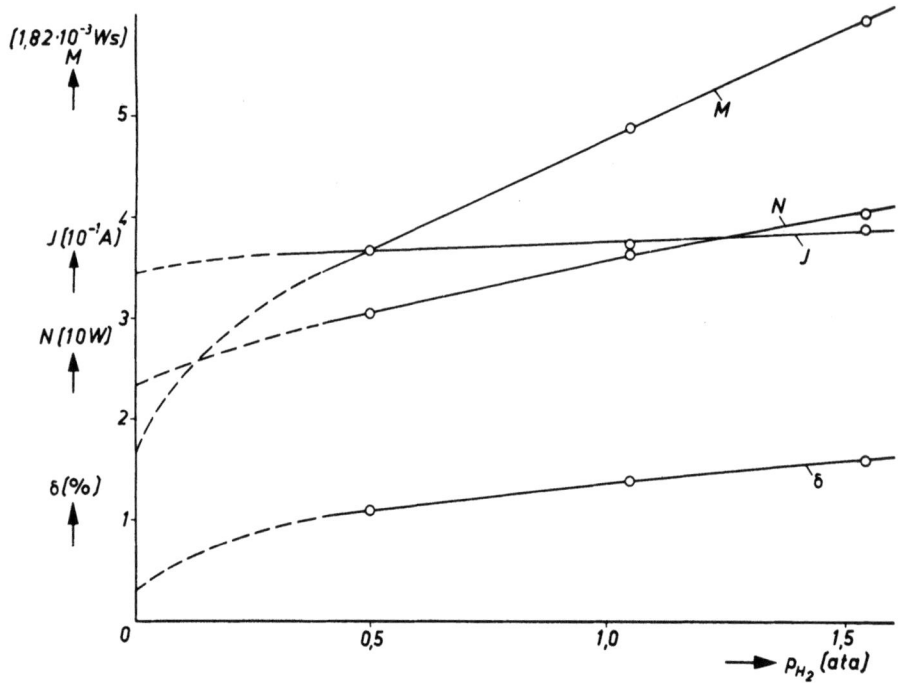

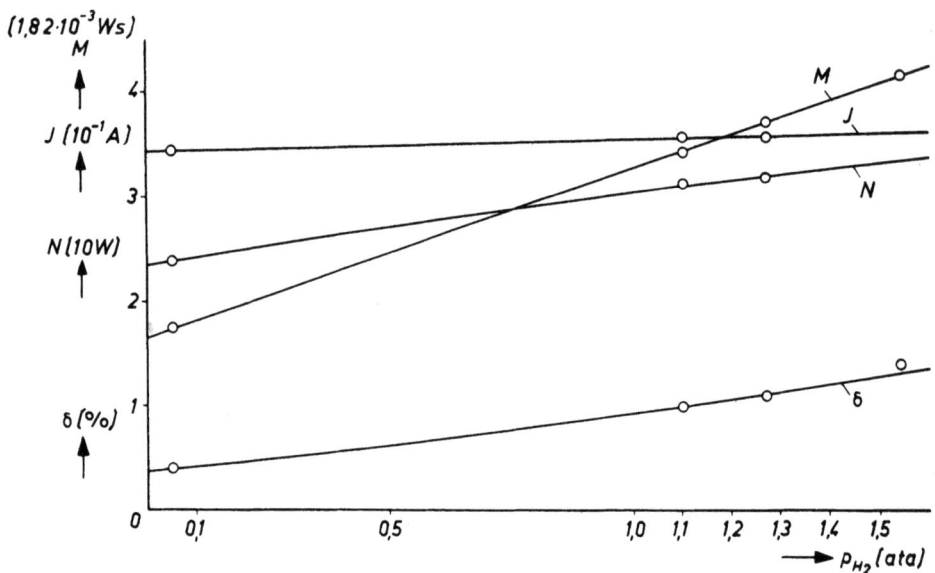

Abbildung 6

a) Drehmoment, Stromstärke, Leistung und Schlupf in Abhängigkeit vom Heliumdruck

b) Drehmoment, Stromstärke, Leistung und Schlupf in Abhängigkeit vom Wasserstoffdruck

Die Gesamtleistung N teilt sich auf in Stromwärmeverluste der Ständerwicklung N_{Cu}, Ständereisenverluste N_{Fe}, Gasreibung N_{Gas}, Lagerreibung N_{Lager}, Stromwärme der Läuferwicklung N_D und Zusatzverluste N_{Zus}. Letztere sind vernachlässigbar klein:

$$N = N_{Cu} + N_{Fe} + N_{Gas} + N_{Lager} + N_D + N_{Zus}.$$

Für den stationären Betriebszustand in Luft, Helium und Wasserstoff zwischen 0 und 1,5 ata Druck wurde die Leistungsaufteilung berechnet. Als Beispiel sei hier Abbildung 7 gezeigt, welche die Leistungsaufteilung für 1 ata Gasdruck veranschaulicht.

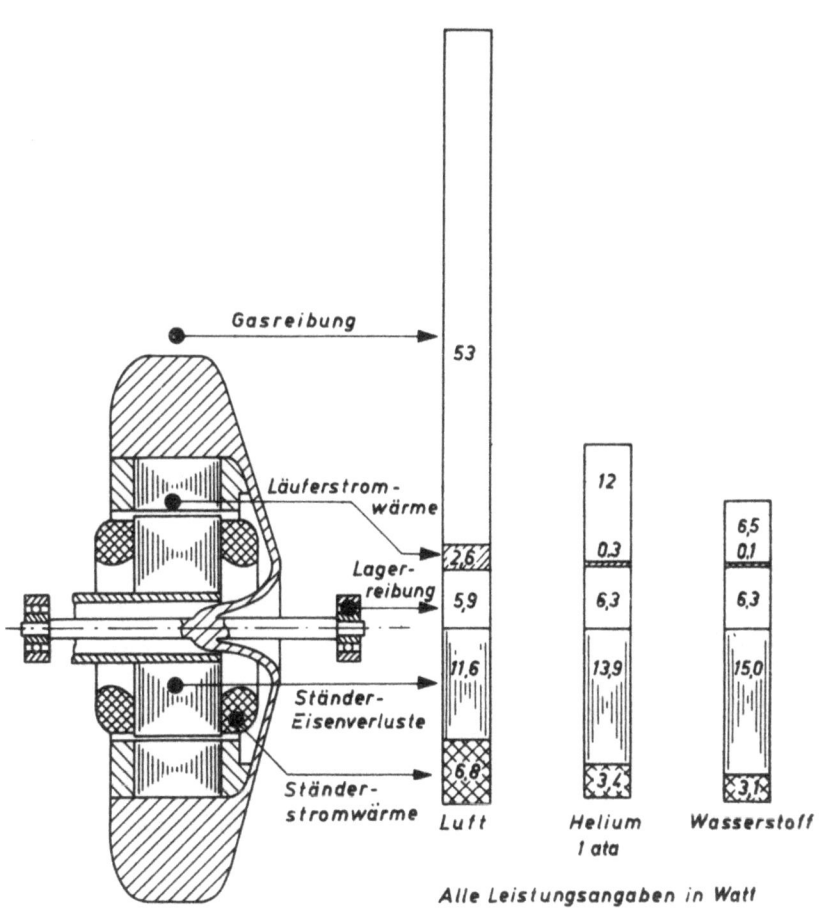

Abbildung 7

Aufteilung der zugeführten elektrischen Leistung bei 120 V Betriebsspannung

Man erkennt deutlich, daß die Luftreibung den weitaus größten Teil der Gesamtleistung ausmacht, während bei Betrieb in Helium und Wasserstoff die Gasreibung nur etwa ebenso groß ist wie die restlichen Leistungsanteile.

Als zweitgrößter Verlustposten fallen die Eisenverluste auf, die als Folge von Wirbelströmen und Hysterese bei der Ummagnetisierung im Eisenpaket des Ständers entstehen. Da die Eisenverluste im unteren Bereich der Magnetisierung proportional dem Quadrat der Spannung sind, muß es möglich sein, diese Verluste durch Herabsetzen der Betriebsspannung

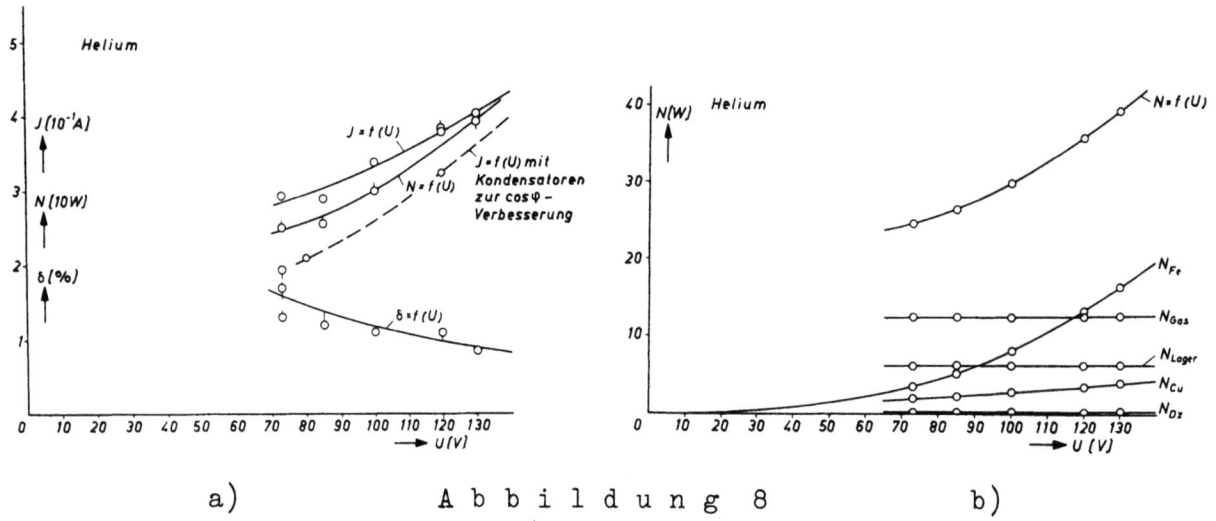

a)   A b b i l d u n g   8   b)

a) Stromstärke, Leistung und Schlupf in Abhängigkeit von der Betriebsspannung bei Betrieb in Helium 1,07 ata

b) Aufteilung der zugeführten elektrischen Leistung N in Eisenverluste, Gasreibung, Lagerreibung, Kupferverluste bei veränderlicher Betriebsspannung. Betrieb in Helium 1,07 ata

Um die Spannungsabhängigkeit zu untersuchen, wurde der Kreisel in Helium bei 1,07 ata mit variierter Klemmenspannung betrieben. Die dabei gemessenen Werte für Stromaufnahme, Leistung und Schlupf sind in Abbildung 8a als Funktion der Klemmenspannung aufgetragen.

Die Aufteilung der Leistung ist in Abbildung 8b dargestellt. Dabei wird deutlich, daß eine durch Absenken der Betriebsspannung erzielte

Verminderung der Eisenverluste sich merklich auf den Gesamtleistungsbedarf auswirkt. Ein Absenken der Spannung z.B. von 120 V auf 80 V bewirkt eine Abnahme der Leistung von 36 W auf 26 W.
Mit herabgesetzter Betriebsspannung erhält man ein kleineres Kippmoment und größeren Betriebsschlupf. Die Schlupf-Kurve (Abb. 8a) zeigt jedoch, daß man den Kreisel in 1 ata Helium ohne Bedenken mit 70 bis 80 V betreiben kann, ohne daß der Schlupf größer als 2 % wird. Da der Kippschlupf dieses Motors 20 % beträgt, ist das Kippmoment in diesem Fall immer noch ca. fünfmal so groß wie das Betriebsmoment.

2.7 Erwärmungsmessungen

Unter der Erwärmung Θ [°] wird im folgenden die Differenz zwischen der Temperatur der Ständerwicklung (berechnet aus der Widerstandszunahme) und der Temperatur der Gasfüllung, gemessen mit Quecksilberthermometer nahe der Kugelwandung, verstanden. Diese Größe ist unabhängig von den Materialien und Kühlungsverhältnissen außerhalb der Kugelinnenfläche, also auch unabhängig von Material und Wandstärke der Kugel selbst. Infolgedessen gelten die in der Versuchskugel gemessenen Erwärmungen der Wicklung auch für den Kreisel im Meridianweisergerät bei normalem Meßbetrieb, sofern nur an den Enden der Ständerwicklung die gleiche Spannung wie bei den Versuchen liegt.

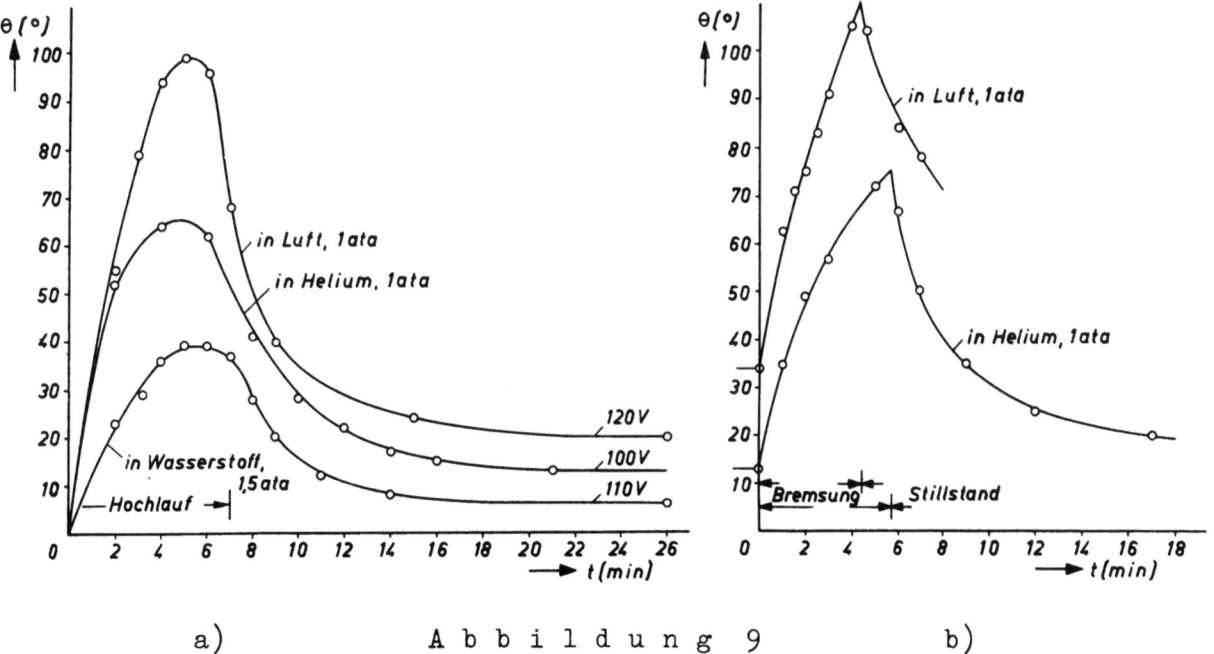

a)   A b b i l d u n g   9   b)
Erwärmung der Wicklung bei Hochlauf und Gegenstrombremsung
in Luft, Helium und Wasserstoff.
Frequenz und Generatorerregung konstant

In Abbildung 9 sind die Erwärmungskurven $\Theta = f(t)$ der Wicklung dargestellt.

Abbildung 9a zeigt die Erwärmung während des Hochlaufs bis zum stationären Betriebszustand bei Betrieb in Luft und in Helium, 1 ata, und in Wasserstoff, 1,5 ata. Dabei war die Generatorerregung konstant und so eingestellt, daß die Spannung im stationären Betrieb in Luft 120 V, in Helium 100 V und in Wasserstoff 110 V betrug. Die Frequenz war konstant. Die volle Drehzahl hatte der Kreisel nach ca. sechs bis sieben Minuten erreicht.

Die maximale Erwärmung trat beim Hochlauf nach ca. fünf Minuten auf:

$$
\begin{array}{ll}
\text{in Luft} & 99° \\
\text{in Helium} & 66° \\
\text{in Wasserstoff} & 39°
\end{array}
$$

Nach etwa zwanzig bis fünfundzwanzig Minuten war die Enderwärmung im stationären Betrieb erreicht:

$$
\begin{array}{lll}
\text{in Luft} & 20° & \text{(bei 120 V)} \\
\text{in Helium} & 13° & \text{(bei 100 V)} \\
\text{in Wasserstoff} & 6° & \text{(bei 110 V)}
\end{array}
$$

Da sich mit der Klemmenspannung hauptsächlich die Eisen- und die Kupferverlustleistung ändern (Abb. 8b), und da außerdem das Eisenpaket sich innig mit der Wicklung berührt, kann man annehmen, daß sich die Wicklungserwärmung bei geänderter Spannung im selben Maße wie die Gesamtleistung ändert.

Danach ergeben sich für die Erwärmung

$$
\begin{array}{ll}
\text{in Helium} & \text{bei 120 V } 15,6° \text{ (und bei 80 V } 11,3°), \\
\text{in Wasserstoff} & \text{bei 120 V } 6,6° \text{ (und bei 80 V } 4,6°)
\end{array}
$$

Aus obigen Erwärmungsangaben sowie aus den Ergebnissen von Vergleichsmessungen am Meridianweisergerät im stationären Betriebszustand können folgende Werte überschlägig berechnet werden (Tab. 1 s. S. 17):

Tabelle 1

Erwärmung des Gases und der Wicklung gegenüber der Trageflüssigkeit
im stationären Betriebszustand bei einem Gasdruck von 1 ata

Gas	U [V]	N [W]	Erwärmung gegenüber der Trageflüssigkeit	
			Gas	Wicklung
Luft	120	80	17,0°	37°
He	120	36	6,3°	22°
He	80	26	4,5°	16°
H_2	120	32	3,8°	10°
H_2	80	22	2,6°	7°

2.8 Folgerungen

Die beschriebenen Untersuchungen haben gezeigt, daß durch Verwendung von Helium oder Wasserstoff der Leistungsverbrauch des Kreisels, die Wärmeentwicklung und das Temperaturgefälle im Gerät beträchtlich herabgesetzt werden. Dabei ist Helium in seiner Anwendung im vorliegenden Fall nicht viel ungünstiger als Wasserstoff, so daß es mit Rücksicht auf die Forderung nach Schlagwettersicherheit durchaus lohnend und ratsam ist, den Kreisel des Meridianweisers in Helium zu betreiben.

Durch Herabsetzen der Betriebsspannung auf 80 V werden die Eisenverluste geringer, ohne daß sich der Schlupf unzulässig vergrößert.

Das Temperaturgefälle zwischen der Trageflüssigkeit und der Wicklung, der wärmsten Stelle im Gerät, wird durch diese Maßnahmen auf weniger als die Hälfte herabgesetzt. Da das Temperaturgefälle Anlaß zu Wärmespannungen geben kann, welche vermutlich die Weisungsgenauigkeit beeinflussen, wird diese Fehlerquelle damit eingeschränkt.

3. Vergleichende Betrachtungen zum einphasigen und dreiphasigen Betrieb des Vermessungskreisels

Im folgenden wird mit einphasigem Betrieb gemeint, daß der bisherige Kreisel mit normaler Drehstromwicklung als Einphasen-Kondensator-Motor geschaltet wird, wie in einer früheren Arbeit [11] des Verfassers beschrieben. Dabei werden zwei Wicklungsstränge in Reihe als Hauptphase und der dritte Wicklungsstrang als Hilfsphase über einen Kondensator von 2,5 µF an die Wechselspannung gelegt. Die angegebene Kapazität ist der optimale Wert für den Betriebskondensator. Der Einphasen-Betrieb bedingt einen Einphasen-Wechselstromgenerator und zwei Leitungen zum Kreisel. Außerdem muß Gleichstrom zum Bremsen des Kreisels verfügbar sein, da sich der Motor nach dem Abschalten nur bei hoher Drehzahl selbst bremst. Für den Drehstrombetrieb sind ein Drehstromgenerator und drei Leitungen zum Kreisel erforderlich.

Wie die Untersuchungen [11] zeigten, sind im stationären Betrieb des Einphasenkreisels in Luft der Schlupf, die Leistungsaufnahme und die Erwärmung der Wicklung etwa ebenso groß wie im normalen dreiphasigen Betrieb. Die gegenläufige Komponente der elliptischen Drehdurchflutung der Ständerwicklung ist nur 15 % der rechtläufigen Komponente. Insofern steht der wechselstrombetriebene dem drehstrombetriebenen Kreisel kaum nach. Auch hinsichtlich der erzielten Weisungsgenauigkeit besteht zwischen einem mit Drehstrom und einem mit Wechselstrom betriebenen Gerät kein Unterschied.

Der Hochlauf des Einphasen-Kreisels ist als Frequenzanlauf ohne besonderen Anlaufkondensator möglich. Die Erwärmung der Wicklung bleibt dabei unter der zulässigen Grenze.

Der Hochlauf des dreiphasig betriebenen Kreiselmotors ist auf verschiedene Weise möglich, je nachdem, ob man auf kurze Anlaufzeit oder auf niedrige Leistungsaufnahme oder auf geringe Wärmeentwicklung Wert legt.

Die Abbildungen 10 und 11 zeigen die Stromaufnahme des in Helium laufenden, dreiphasigen Kreiselmotors für zwei charakteristische Beispiele des Hochlaufs.

Der Hochlauf mit konstanter Frequenz (Abb. 10) dauert 7 Minuten. Der Anlaufspitzenstrom ist 1,72 A. In dem angegebenen Beispiel war die Generatorerregung konstant, so daß die Spannung während des Hochlaufs von 84 V auf 120 V anstieg.

Unter Zugrundelegung eines mittleren Anlaufstromes von 1,4 A ergibt sich die Bauleistung des Generators zu rd. 300 VA.

Der stufige Frequenzhochlauf (Abb. 11) mit den Frequenzstufen $\frac{2}{6}$, $\frac{3}{6}$, $\frac{4}{6}$, $\frac{5}{6}$, $\frac{6}{6}$ der vollen Frequenz dauert 20 Minuten. Der Anlaufspitzenstrom

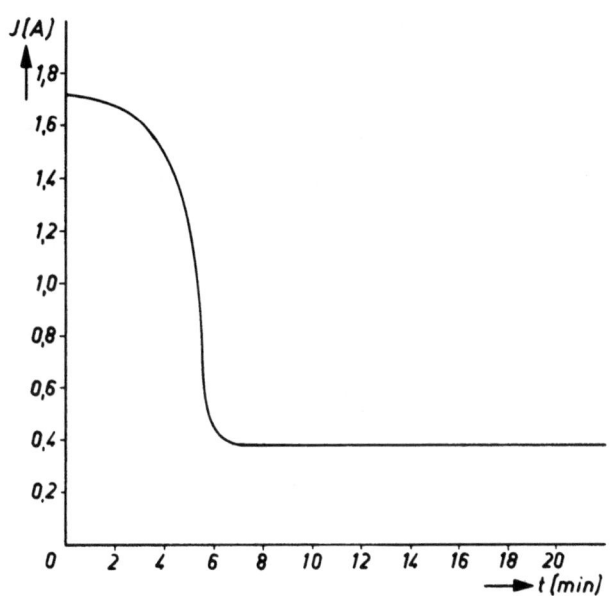

Abbildung 10

Stromaufnahme beim Hochlauf des Kreisels in Helium
(Konstante Frequenz 333 Hz; Spannung 84 V...120 V)

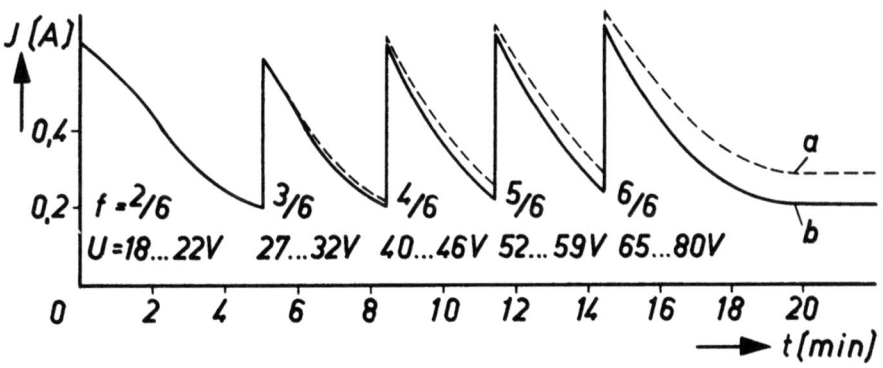

Abbildung 11

Stromaufnahme beim Frequenzhochlauf des Kreisels in He
a) ohne; b) mit Kondensatoren zur cos φ -Verbesserung

ist 0,65 A. Bei diesem Versuch war die Generatorerregung konstant und so eingestellt, daß die Spannung nach dem Hochlauf des Kreisels 80 V betrug.

Bei einem mittleren Anlaufstrom von 0,4 A ergibt sich die erforderliche Bauleistung des dazugehörigen Generators zu 56 VA.

Man sieht, daß für den Frequenzhochlauf ein bedeutend kleinerer Umformer genügt.

Betrachtet man diese beiden Hochlaufbeispiele unter dem Gesichtspunkt der Ständer- und Läuferwärme, so ergibt sich, daß sowohl im Ständer als auch im Läufer die geringste Wärme beim dreiphasigen Frequenzhochlauf auftritt. Zahlenwerte sind aus der Tabelle 2 zu ersehen.

Die Transportierbarkeit hängt letzten Endes von Größe und Gewicht des Gerätes und des Zubehörs ab. Die Größe des Meridianweisers selbst wird durch die Betriebsart nicht beeinflußt, wohl aber Größe und Gewicht des Zubehörs. Die erforderliche Baugröße des Generators wird durch den Hochlauf des Kreisels bestimmt. Wie aus Tabelle 2 hervorgeht, ist für den dreiphasigen Frequenzanlauf die kleinste Generator-Bauleistung erforderlich. Dies wirkt sich weiter aus auf die Antriebsmaschine des Generators und die Energiequelle.

Die Antriebsmaschine, Elektromotor oder Druckluftturbine, wird im selben Maße kleiner wie der Generator. Da mit Verkleinerung des Generators und dessen Antriebsmaschine im allgemeinen auch der Eigenverbrauch (Leerlauf- + Lastverluste) dieser Maschinen abnimmt, vermindert sich dadurch der gesamte Energiebedarf. Bei Verwendung von Druckluft oder Netzanschluß ist dies belanglos. Die Energieeinsparung gewinnt jedoch an Bedeutung bei gleichzeitiger Beachtung der Forderung nach Unabhängigkeit von fremden Energiequellen. In diesem Falle würde man am besten als eigene Energiequelle transportable Akkumulatoren und als Antriebsmaschine des Generators einen Gleichstrommotor verwenden. Es ist also lohnend, die für eine Messung benötigte Energie klein zu halten, um mit möglichst kleinen Sammlern auszukommen. Der erste Schritt hierzu war die Leistungseinsparung am Kreisel selbst, wie oben beschrieben. Die zweite, nicht minder wichtige und wirkungsvolle Maßnahme ist die Anwendung eines Hochlaufs, der mit geringster Generatorleistung bewältigt werden kann. Das ist der dreiphasige Frequenzhochlauf.

Der Hauptgrund, warum überhaupt an die Anwendung des Einphasenbetriebes gedacht wurde, war der, die Stromzuführung zur Kreiselkugel zu vereinfachen. Dieser Grund entfällt nunmehr, da inzwischen eine Stromzuführung gefunden wurde (s. folg. Abschnitt), die einphasig wie dreiphasig gleich gut brauchbar ist.

Die Meßzeit, also die Zeit von der ersten bis zur letzten Meßwertablesung, wird durch die Betriebsart nur insofern beeinflußt, als die Hochlaufzeit mit eingeht. Hier handelt es sich aber nur um Unterschiede von

Tabelle 2

Gegenüberstellung von drei Hochlaufmöglichkeiten

	dreiphasig in Helium 1,1 ata		einphasig in Luft
Frequenz	konstant	in Stufen $\frac{2}{6}, \frac{3}{6}, \frac{4}{6}, \frac{5}{6}, \frac{6}{6}$	in Stufen $\frac{6}{6}, \frac{3}{6}, \frac{4}{6}, \frac{5}{6}, \frac{6}{6}$
Nennspannung [V]	120	80	120
Anlauf-Spitzenstrom [A]	1,72	0,65	1,7
Hochlaufzeit T_H [min]	7	20	13
Läuferwärme Q_2 [Ws]	$11 \cdot 10^3$	$2,5 \cdot 10^3$	$4,4 \cdot 10^3$
Ständerstromwärme Q_{Cu} [Ws]	$20 \cdot 10^3$	$5 \cdot 10^3$	ca. $20 \cdot 10^3$ (geschätzt)
$Q_2 + Q_{Cu}$ [Ws]	$31 \cdot 10^3$	$7,5 \cdot 10^3$	ca. $24 \cdot 10^3$
mittlere Verlustleistung [W] $(Q_2 + Q_{Cu})/T_H$	75	6,3	ca. 30
erforderliche Generator-Bauleistung [VA]	300	56	150
Gewicht des Umformers [kg] (handelsüblich)	(Mot.-Gen.) 13	(Einanker-Umf.) 3	(Mot.-Gen.) 25

wenigen Minuten, die gegenüber der Meßzeit nicht ins Gewicht fallen. Die Einsatzzeit, die An- und Abtransporte mit einschließt, kann je nach den im Einzelfall gegebenen Umständen (Transportraum und Transportwege unter Tage) stark von der Menge und Größe der mitzuführenden Gerätschaften abhängen. Hier gilt das, was bereits zur Transportierbarkeit gesagt ist.

Zur Schlagwettersicherheit muß u.a. der Umformer druckfest gekapselt sein. Das bringt zusätzliches Gewicht. Die Wandstärke der Kapselung ist für einen bestimmten Druck proportional dem Innendurchmesser. Das Gewicht der Kapselung ist etwa proportional der Wandstärke und dem

Umfang, also dem Quadrat des Durchmessers. Eine Einsparung an Umformerbaugröße macht sich also auch an dieser Stelle stark bemerkbar, so daß dem Dreiphasen-Betrieb, welcher einen kleineren Umformer zuläßt, der Vorzug zu geben ist.

4. Die Stromzufuhr zur Kreiselkugel

4.1 Allgemeines

Die Stromzuleitungen zur Kreiselkugel, d.h. zum richtunggebenden System, stellen eine elektrische und mechanische Verbindung zwischen dem richtunggebenden System einerseits und dem tragenden bzw. richtungnehmenden System andererseits dar. Eine solche Verbindung wird daher immer Kräfte oder Drehmomente auf das richtunggebende System ausüben und dadurch den Bewegungsablauf dieses Systems beeinflussen. Die Stromzuleitungen müssen deshalb so ausgebildet sein, daß sie den Bewegungsablauf entweder so geringfügig beeinflussen, daß keine merkbare, oder so regelmäßig, daß eine exakt berechenbare Mißweisung daraus resultiert.

Grundsätzlich kann man zweierlei Arten der Stromzuleitung anwenden: Entweder eine Flüssigkeit (Elektrolyt oder Quecksilber) oder feste, elektrisch leitende Körper (z.B. dünne, elastisch oder plastisch verformbare Metalldrähte).

4.2 Bisherige Ausführungsformen

Beim Anschützschen Schiffskreiselkompaß sowie bei den derzeitigen Meridianweisern der Kreiselmeßstelle der Westf. Bergewerkschaftskasse Bochum wird die schwach angesäuerte Trageflüssigkeit zur Stromübertragung verwendet. Alle drei Phasen des Drehstromes werden von drei an sich elektrisch getrennten Graphitelektroden der Hüllkugel über ein und denselben Elektrolyten auf drei gegenüberliegende Graphitelektroden der Kreiselkugel übertragen. Diese Anordnung ist sehr robust und bedarf fast keiner Wartung. Die Bewegungsfreiheit der Kreiselkugel in bezug auf Drehungen um die Vertikale wird durch sie nicht eingeschränkt.

Die Beeinflussung des Bewegungsablaufes besteht nur in reiner, geschwindigkeitsproportionaler Flüssigkeitsdämpfung, die ohnehin durch die Trageflüssigkeit gegeben ist, auch ohne daß diese zur Stromübertragung verwendet wird.

Die Anordnung hat den Nachteil, daß die drei Phasen auf ihrem Weg durch die Trageflüssigkeit nicht gegeneinander isoliert sind, so daß außerhalb der Kreiselkugel ein Verluststrom fließt. Der dadurch bedingte Leistungsverlust ist ebenso groß wie der Leistungsverbrauch des (in Helium laufenden) Kreisels selbst.

Um diesen Nachteil auszuschließen, war das Clausthaler Laborgerät vorübergehend mit einer Anordnung versehen worden, bei der die Stromübertragung vom festen zum schwingenden System über drei gegeneinander isolierte Tauchkontakte mit Schwefelsäure als Leitflüssigkeit erfolgte. Dieses Stromzuführungssystem übte auf die Kreiselkugel kein Richtmoment aus und war praktisch dämpfungsfrei. In bezug auf diese beiden Eigenschaften war die Stromzuführung ideal. Sie besaß jedoch erhebliche Nachteile: sie war nicht transportfähig. Vor jedem Transport mußte die Schwefelsäure aus den Kontaktnäpfen herausgenommen und zur Messung wieder eingefüllt werden. Außerdem bedingten die unvermeidbaren Korrosionen an den Kontakten und benachbarten Geräteteilen einen erhöhten Aufwand an ständiger Wartung.

4.3 Zuführung von Einphasenstrom

Um eine praktisch brauchbare Art der Stromzuführung zu finden, sind schon vielfach Überlegungen und Versuche angestellt worden. Die letzte vorher aufgetauchte Idee war die, den Kreisel als Einphasen-Induktionsmotor zu betreiben, um mit zwei Stromzuleitungen an Stelle von dreien auszukommen - s. LUDEMANN [4] -. In diesem Falle sollten das Aufhängeband und die Trageflüssigkeit, gegeneinander isoliert, die leitenden Verbindungen zur Kreiselkugel herstellen.

Eine entsprechende Anordnung wurde im Labor erprobt. Als stromführendes Aufhängeband diente ein Kupfer-Beryllium-Band, dessen Erwärmung mit ca. $50°$ bei einem Anlaufspitzenstrom von 1,8 A in zulässigen Grenzen blieb.

Die Beeinflussung der Weisung durch das Torsionsmoment des Aufhängebandes ist unabhängig davon, ob dieses gleichzeitig zur Stromübertragung benutzt wird oder nicht. Es kann daher an dieser Stelle auf die Untersuchungen von OERTGEN [5] verwiesen werden.

Elektrisch hat das Gerät ohne Störung funktioniert. Der mittlere Weisungsfehler betrug $\pm 2^c$. Ob die Weisungsschwankungen mit der Art der

Stromzufuhr in einem ursächlichen Zusammenhang stehen, ist nicht geklärt worden.

Bei der Stromzufuhr über das Aufhängeband und die Trageflüssigkeit trat auf dem Weg des Stromes durch den Elektrolyten ein Spannungsabfall von 7,5 V = 6,2 % auf. Ein weiterer Nachteil war, daß der Kreisel nicht gebremst werden konnte. Die Gleichstrombremsung konnte wegen der in der Trageflüssigkeit auftretenden Elektrolyse nicht angewandt werden.

Um diese beiden Nachteile auszuschließen, wurde versucht, den elektrolytischen Leiter durch einen metallischen, und zwar durch Quecksilber zu ersetzen.

Zu diesem Zweck wurde am unteren Pol der Kugel ein Stahlstift angebracht, der in Quecksilber tauchte und so eine metallisch leitende Verbindung zwischen der Kugel und dem tragenden System herstellte.

Die Weisungen schwankten aber um mehrere Winkelminuten. Es ist anzunehmen, daß die Oxyd- und Amalgamschicht, die sich im Laufe der Zeit auf der Quecksilberoberfläche bildete, die Schwingungen der Kugel beeinflußt hat.

4.4 Stromzufuhr über Metallbandspiralen

Alle beschriebenen Arten der Stromzufuhr wiesen in der einen oder anderen Hinsicht grundsätzliche Mängel auf, so daß nach einer weiteren, besseren Möglichkeit gesucht werden mußte. So wurde schließlich eine Stromzuführung gefunden und entwickelt, welche die an sie gestellten Anforderungen weitgehend erfüllt. Es handelt sich im wesentlichen um drei elastische Metallbänder, die so angeordnet sind, daß die Beeinflussung der Weisung zwar auch klein, aber vor allem berechenbar ist und bei der Richtungsangabe berücksichtigt werden kann.

4.41 B e s c h r e i b u n g

Abbildung 12 zeigt die wichtigsten Teile dieser Stromzuführungsanordnung. Die obere Bandklemme mit dem Bandklemmenkorb ist wie bisher mit Hilfe von zwei Klemmschrauben wahlweise mit der Alhidadenachse des Theodoliten oder mit dem tragenden System arretierbar. Diese beiden Arretiermöglichkeiten sollen im folgenden kurz "alhidadenfest" und "gerätefest" genannt werden. Drei Stäbe sind mechanisch fest mit dem Bandklemmenkorb verbunden, elektrisch gegeneinander isoliert und ragen

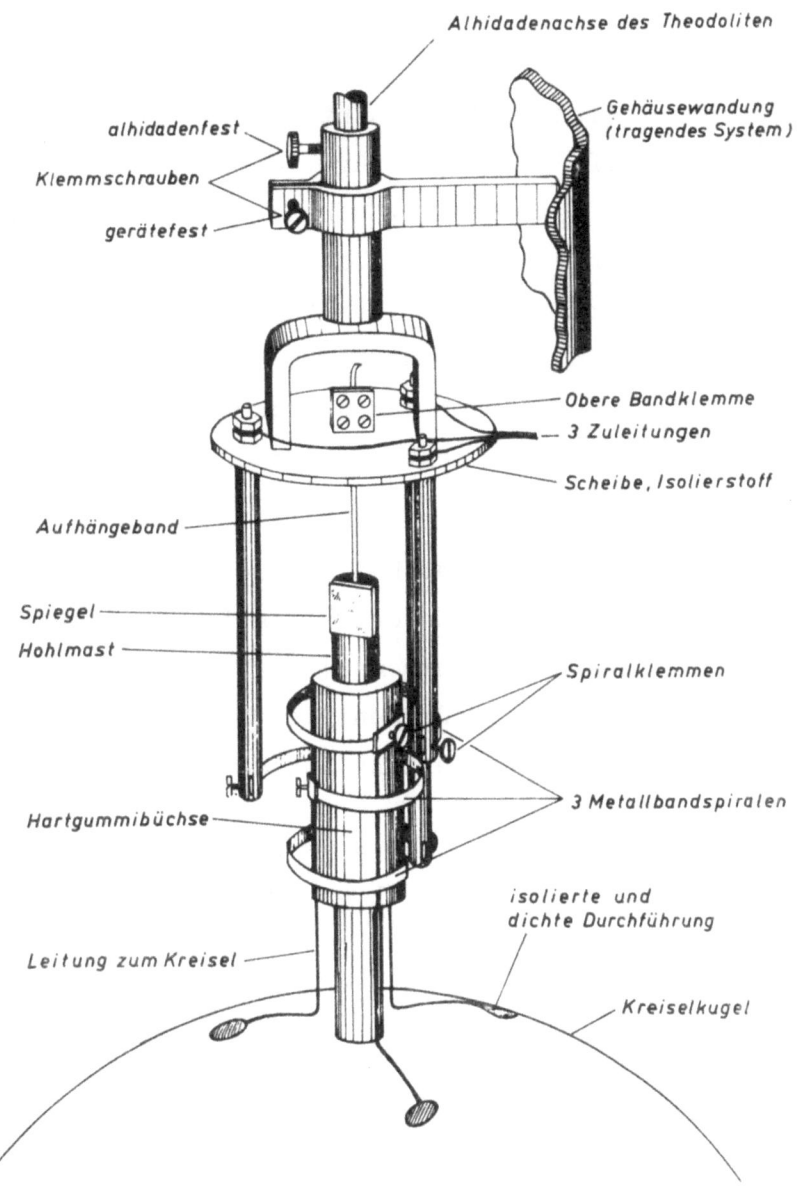

Abbildung 12
Stromzuführung zur Kreiselkugel

senkrecht herunter bis in die Höhe des Mastes unterhalb des Spiegels. Am unteren Ende jedes Stabes ist je ein Metallband angeklemmt, welches spiralig um den Mast herumläuft und andererseits mit einer Klemme auf einer Hartgummibuchse am Mast der Kreiselkugel befestigt ist. Von den mastfesten Klemmen führt je eine Leitung über isolierte, vakuumdichte Durchführungen ins Innere der Kugel zum Kreisel. Die Metallbänder werden vor der Montage derart gebogen, daß sie die spiralige Form annehmen, die sie nach der Montage haben sollen. Sie werden also nahezu spannungsfrei montiert.

4.42 Wirkungsweise bei nicht laufendem Kreisel

Die drei Metallbandspiralen und das Aufhängeband üben je ein Drehmoment um die Vertikale auf die Kreiselkugel aus. Die Größe und Richtung jedes dieser Drehmomente ist abhängig von der augenblicklichen Stellung der Kugel relativ zum Bandklemmenkorb. Es gibt eine Stellung der Kugel, bei der die Summe der Momente aller vier Bänder gleich null ist. Diese Stellung der Kugel wird im folgenden "Bandnullage" genannt. Sie ist bestimmt durch die Ablesung τ auf dem Grundkreis des Theodoliten, wenn dessen Autokollimationsfernrohr auf die Spiegelnormale der in ihrer Bandnullage befindlichen Kugel eingestellt ist.

Die Gesamtanordnung der vier Bänder hat ein resultierendes Direktionsmoment D_B, welches gleich der Summe der Direktionsmomente der einzelnen Bänder ist. Die einzelnen Richtmomente haben alle gleiches Vorzeichen. Das jeweils wirkende Bandmoment ist gleich dem Produkt aus dem Direktionsmoment und der Auslenkung aus der Bandnullage.

4.43 Die Bewegungen des Kreisels unter zusätzlicher Einwirkung des Bandrichtmomentes

Das Moment des Aufhängebandes und der Stromzuführungen stellt in bezug auf den Kreisel ein zusätzliches von außen angreifendes Drehmoment dar. Es ist deshalb erforderlich, die in der Literatur [2, 3, 9] bereits mehrfach abgeleiteten Bewegungsgleichungen des schweregefesselten Kreisels zu ergänzen.

Folgende Formelzeichen werden benutzt:

t = Zeit

α = Winkel zwischen der Projektion der Impulsachse auf die Horizontalebene und der geographischen Nordrichtung

β = Winkel zwischen der Impulsachse und ihrer Projektion auf die Horizontalebene. Dabei wird vorausgesetzt, daß die Achse des nicht laufenden Kreisels in der Horizontalebene liegt

φ = geographische Breite des Meßortes

u = Winkelgeschwindigkeit der Erde

ω_{Kr} = Winkelgeschwindigkeit des Kreisels um seine Impulsachse

θ_{Kr} = Trägheitsmoment des Kreisels um seine Impulsachse

$J = \Theta_{Kr} \cdot \omega_{Kr}$ = Drehimpuls des Kreisels

M = horizontierendes Schwere-Richtmoment

A = Trägheitsmoment des richtunggebenden Systems um die Vertikale

τ = Bandnullage, Ablesung auf dem Teilkreis (Abb. 13)

α_N = Teilkreislage der Nordrichtung (Abb. 13)

α_B = Abweichung der Bandnullage von der geographischen Nordrichtung. α_B ist die Richtung, auf die sich die Achse des nicht laufenden Kreisels nur unter dem Einfluß des Bandrichtmomentes einstellt (Abb. 13)

U = Umkehrlagenmittel (Abb. 13)

D_{Kr} = Kreiselrichtmoment

D_B = Bandrichtmoment

ε = Eichwert. In den folgenden Ausführungen wird zum Zwecke einer besseren Übersicht der Eichwert $\varepsilon = 0$ gesetzt

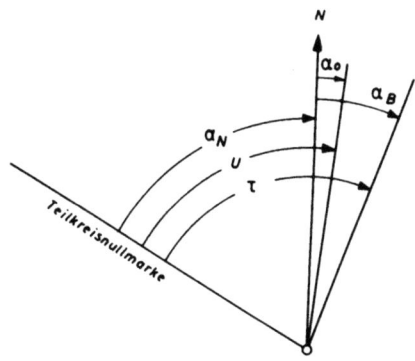

Abbildung 13

Zur Berechnung der durch das Bandrichtmoment hervorgerufenen Mißweisung

Die vereinfachten Differentialgleichungen des schwergefesselten Kreisels lauten:

$$A \frac{d^2\alpha}{dt^2} + J \frac{d\beta}{dt} = -J u \cos\varphi \cdot \alpha \qquad (1)$$

$$-J \frac{d\alpha}{dt} = J u \sin\varphi - M\beta \qquad (2)$$

Bei Berücksichtigung des Bandmomentes $D_B (\alpha - \alpha_B)$ als ein zusätzlich von außen angreifendes Moment um die Vertikale geht Gleichung (1) über in:

$$A \frac{d^2\alpha}{dt^2} + J \frac{d\beta}{dt} = -Ju\cos\varphi \cdot \alpha - D_B(\alpha - \alpha_B) \qquad (3)$$

Aus den beiden gekoppelten Differentialgleichungen (2) und (3) ergibt sich mit entsprechenden Anfangsbedingungen die Gleichung der α-Bewegung:

$$\alpha = \frac{D_B \alpha_B}{Ju\cos\varphi + D_B} + \alpha_1 \cos\sqrt{\frac{M}{J^2}(Ju\cos\varphi + D_B)} \cdot t \qquad (4)$$

mit α_1 = Anfangsamplitude.

Dies ist die Gleichung einer harmonischen Schwingung, deren Ruhelage U um den Winkel

$$\alpha_0 = \frac{D_B \cdot \alpha_B}{Ju\cos\varphi + D_B} = \frac{D_B}{D_{Kr} + D_B} \cdot \alpha_B = \frac{D_B}{D_{Kr}}(\tau - U) \qquad (5)$$

von der Nordrichtung abweicht.

Bei Berücksichtigung dieser Abweichung α_0 erhält man die wahre Nordrichtung zu:

$$\alpha_N = U - \alpha_0 \qquad (6)$$

α_0 läßt sich in jedem Einzelfall berechnen: Das Verhältnis $D_B : D_{Kr}$ ist eine bekannte Gerätekonstante. Die Bandnullage τ wird vor der Messung bei nicht laufendem Kreisel abgelesen.

Wie eine fehlertheoretische Betrachtung ergibt, ist zur Einhaltung eines zulässigen zusätzlichen Weisungsfehlers von $\pm 0,1^c$ bei einem praktisch vorkommenden Bandrichtmoment von 2,5 % des Kreiselrichtmomentes eine Vororientierung der Bandnullage auf etwa 1^g genau erforderlich. Zu diesem Zweck werden die ersten beiden Umkehrpunkte der Kreiselschwingung mit kontinuierlich nachgedrehter Bandnullage beobachtet und dann die Bandklemme auf den Mittelwert aus diesen beiden Umkehrpunkten gerätefest arretiert.

4.44 Auswahl der Bänder zur Stromzuführung

An die Stromzuführungsbänder müssen hinsichtlich ihrer mechanischen und elektrischen Eigenschaften ganz bestimmte Anforderungen gestellt werden:

1. Sie müssen den beim Anlauf oder Bremsen des Kreisels auftretenden Höchststrom ohne größere Erwärmung aushalten. Daraus folgt, daß sie eine möglichst gute elektrische Leitfähigkeit und einen davon abhängigen Mindestquerschnitt haben müssen.

2. Sie sollen ein möglichst kleines Richtmoment haben.

3. Die Bandnullage soll konstant sein.

Die Erfüllung dieser Forderungen bedingt zum Teil Maßnahmen, die sich widersprechen. Es gilt also, hier einen möglichst günstigen Kompromiß zu finden.

In der Elektrotechnik werden bei Drehspulmeßgeräten Spiralfedern aus Bronze benutzt, um der Drehspule den Strom zuzuführen. Es bestehen hier also zum Teil ähnliche Anforderungen, jedoch mit einigen Unterschieden:

1. Bei Drehspulmeßgeräten ist das Richtmoment der Spiralfedern erwünscht als ein Moment, welches dem elektromagnetisch ausgeübten Moment der Drehspule das Gleichgewicht halten soll. Dadurch stellt sich ein Zeigerausschlag ein, der eine Funktion der zu messenden elektrischen Größe ist. Beim Meridianweiser dagegen ist das unvermeidbare Richtmoment der zur Stromübertragung dienenden elastischen Metallbänder unerwünscht, da die Kreiselachse allein unter der Wirkung des Kreiselrichtmomentes sich in die geographische Nordrichtung einstellen bzw. um diese Richtung schwingen soll.

2. Bei Drehspulinstrumenten handelt es sich im allgemeinen um kleinere Ströme, so daß man mit kleineren Querschnitten auskommt.

3. Die Anforderungen hinsichtlich der Konstanz der Bandnullage sind beim Meridianweiser höher.

Nach Versuchen mit Bändern verschiedener Materialien und Abmessungen wurde schließlich eine Federbronze mit der relativ hohen elektrischen Leitfähigkeit von $24,8 \text{ m}/\Omega \text{ mm}^2$ ausgewählt. Eine Gesamtanordnung von drei Leitspiralen zusammen mit einem Aufhängeband aus Bronze hatte ein Richtmoment von 2,4 % des Kreiselrichtmomentes.

Wie durch Versuche gezeigt werden konnte, beträgt der zusätzliche Weisungsfehler infolge Unsicherheit der Bandnullage etwa $\pm 0,1^c$.

Diese Art der Stromzufuhr zur Kreiselkugel zusammen mit dem Aufhängeband hat sich bei einer großen Anzahl von Messungen im Labor sowie bei mehreren Feldmessungen über und unter Tage gut bewährt. Sie hat gegenüber anderen bisher verwendeten Arten der Stromzuführung folgende Vorteile:

1. Sie ist rein metallisch und gestattet daher die Übertragung von Gleichstrom zwecks Bremsung des Kreisels, was bei elektrolytischer Leitung nicht möglich war.

2. Es tritt praktisch kein Spannungsabfall auf.

3. Die einzelnen Phasen sind gegeneinander isoliert, so daß kein Verluststrom fließt.

4. Die Anordnung ist in dreiphasiger ebensogut wie in einphasiger Ausführung zu erstellen, so daß von seiten der Stromübertragung keine Veranlassung mehr besteht, den Kreisel als Kondensator-Motor mit Einphasenstrom zu betreiben. Es können also alle Vorteile, die der Drehstrom gegenüber dem Einphasen-Wechselstrom bietet, ausgenutzt werden. Das wirkt sich besonders auf den Hochlauf, das Bremsen und auf die Baugröße des Umformers aus.

5. Weisungsmessungen

Alle theoretischen und praktischen Arbeiten am Meridianweiser in mechanischer, elektrotechnischer und konstruktiver Hinsicht zielen auf die Erstellung eines praktisch brauchbaren Gerätes zur Richtungsbestimmung ab. Es muß daher immer wieder die für die Praxis erste und wichtigste Forderung nach Weisungsgenauigkeit beachtet und ihre Einhaltung durch Messung überprüft werden. Ein Maß für die Genauigkeit eines Gerätes ist der mittlere Gerätefehler aus einer Serie von n Messungen:

$$m = \pm \sqrt{\frac{[vv]}{n-1}}$$

wobei $[vv]$ die Summe der Fehlerquadrate bedeutet. Es ist jedoch zu beachten, daß bei Gaußscher Fehlerverteilung nur 68 % aller Einzelmessungen innerhalb dieser Fehlergrenze liegen. Da es sich bei Richtungsangaben durch den Meridianweiser im allgemeinen nur um Einzelmessungen handelt, ist es wichtiger zu wissen, wie groß der Fehler ungünstigstenfalls sein kann. Bei Gaußscher Verteilung ist der größte vorkommende Fehler mit 99,7 %-iger Wahrscheinlichkeit kleiner als das Dreifache des mittleren Fehlers.

Als Ergebnisse von Labormessungen können angeführt werden:

Drei Meßreihen von vierzehn bzw. fünf bzw. sieben Einzelmessungen ergaben einen mittleren Weisungsfehler von

$$m = \pm 35,4^{cc} \text{ bzw. } 15,5^{cc} \text{ bzw. } 47^{cc}.$$

Obwohl das vorliegende Gerät seinem Aufbau und seiner Bestimmung nach ein Laborgerät ist und nicht für Praxiseinsätze unter rauheren Bedingungen vorgesehen ist, wurde es trotzdem versuchsweise in einem praktischen Meßeinsatz auf einer Grube erprobt.

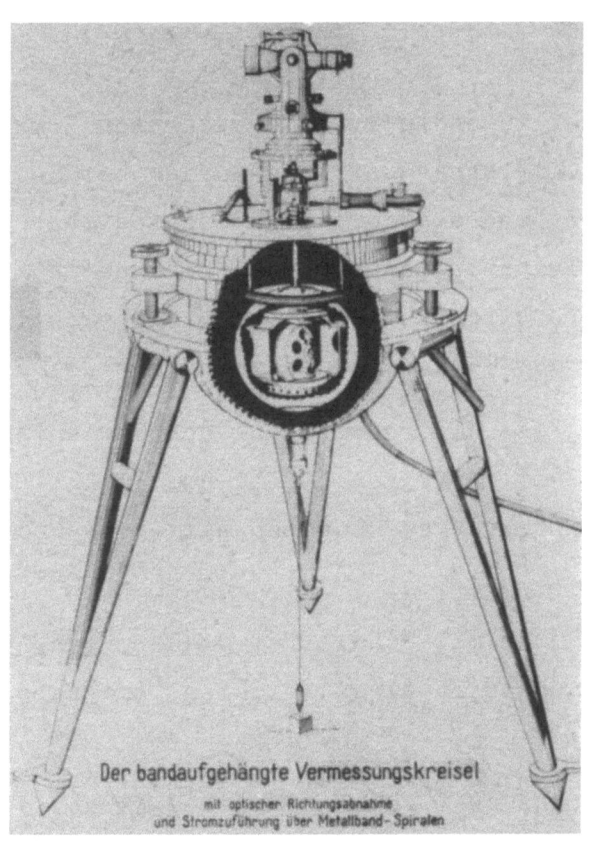

Abbildung. 14
Der bandaufgehängte Vermessungskreisel
mit optischer Richtungsabnahme und Stromzuführung
über Metallbandspiralen, Clausthaler Laborgerät, 1957

Es wurden die Richtungswinkel zweier Linien auf dem Kaliwerk Niedersachsen bei Celle, 800-m-Sohle, und einer Linie auf Werk Riedel, 750-m-Sohle, mit dem Meridianweiser bestimmt.

Um eine Genauigkeitskontrolle zu haben, wurden auf den untertägigen Linien Wiederholungsmessungen und auf den beiden übertägigen Eichlinien vier Eichmessungen durchgeführt. Zwischen den Messungen wurde das Gerät insgesamt neunmal im arretierten, aber sonst meßfertigen Zustand transportiert. Die Meßergebnisse waren, abgesehen von einer Eichwertverschiebung, deren Zeitpunkt und Größe ermittelt werden konnte, zufriedenstellend. Die Streuung der Weisungen lag, soweit man dies bei der geringen Anzahl der Grubenmessungen beurteilen konnte, innerhalb des im Labor üblichen Streubereiches. Das Gerät selbst überstand die Transporte ohne Schaden. Auch die Bandspiralen der Stromzuführung erwiesen sich als transportsicher.

6. Geräte-Zubehör

Die im Verlauf der vorliegenden Arbeit gewonnenen Erkenntnisse in bezug auf Einsparung an elektrischer Leistung wurden bei der Neuzusammenstellung des Geräte-Zubehörs sofort praktisch nutzbar gemacht. Dadurch war es möglich, die Transportierbarkeit und schnelle Einsatzbereitschaft des Gerätes erheblich zu verbessern. Die wichtigsten diesbezüglichen Daten sind in der Tabelle 3 zusammengestellt (s. S. 33).

Besonders augenfällig ist die Reduzierung des Gewichtes von Umformer, Batterie und Ladegleichrichter von 432 kg auf 51 kg. Dadurch ist der Bau des von LUDEMANN [6] vorgeschlagenen Batterie- und Umformerwagens überflüssig geworden.

Der Umformer ist zusammen mit Schaltern, Sicherungen, Kontrollinstrumenten und Anschlußbuchsen in einen leichten, tragbaren Schaltkasten eingebaut.

Die Batterie besteht aus zwei getrennten 12-V-Akkus, die je 18,5 kg wiegen und bequem zu tragen sind. Die Kapazität der Batterie reicht aus für zwei Messungen von je 3 1/2 Stunden Dauer.

Während der Messung können Batterie, Umformer und Meridianweiser dicht nebeneinander stehen und mit kurzen Gummischlauchleitungen verbunden werden. Leitungstrommeln werden daher nicht benötigt.

Tabelle 3

Einige Geräte- und Betriebsdaten des Meridianweisers und Zubehörs
(nicht schlagwettergeschützt)

	Stand vom Jahre 1955	Stand vom Jahre 1957
Kreiselkugel gefüllt mit	Luft	Helium
Leistungsverbrauch des Kreisels	80 W	26 W
Stromaufnahme des Kreisels im Dauerbetrieb	0,55 A	0,2 A
Stromaufnahme des Kreisels im Hochlauf	2 A	0,6 A
Bauleistung des Generators	500 VA	100 VA
Gleichstromaufnahme des Umformers	20 A	5 A
Leistungsaufnahme des Umformers	480 W	120 W
Gewicht des Umformers	120 kg	3 kg
Kapazität der Akku-Batterie	160 Ah	42 Ah
Höchstmögliche Meßzeit ohne Nachladen der Batterie	7 h	7 h
Gewicht der Akku-Batterie	142 kg	37 kg
Gewicht des Ladegleichrichters	70 kg	11 kg
Gewicht von Umformer + Batterie + Gleichrichter	432 kg	51 kg

Der Gleichrichter, der 11 kg wiegt und tragbar ist, wird nur bei Pufferbetrieb oder zum Wiederaufladen der Batterie benötigt. Für diesen Fall ist es ratsam, eine längere Leitung zum Anschluß des Gleichrichters an ein 220-V-Wechselstromnetz bereit zu haben.

Da die Wärmeentwicklung bei Heliumfüllung in der Kreiselkugel sehr gering ist, braucht das Gerät während der Messung normalerweise, d.h. bei Umgebungstemperaturen unter 40° C, nicht mehr gekühlt zu werden, s. OERTGEN [5]. Deshalb kann die Abdeckhaube, die mit drei Beinen versehen auch als Kühlwasserbehälter diente, einfacher, kleiner und leichter gebaut sein. Außerdem erübrigt sich das Mitführen von Wasserschläuchen und Wassereimern. Es kann ungefähr abgeschätzt werden, daß die schlagwettersichere Ausführung des Batterie-Umformers zusammen mit zwei handelsüblichen schlagwettergeschützten 12-V-Batterien von 35 Ah etwa halb so schwer sein wird wie die z.Z. bei der Kreiselmeßstelle der Westfälischen Berggewerkschaftskasse Bochum verwendeten schlagwettersicheren Aggregate mit Zubehör.

Neben dieser Gewichtseinsparung bietet sich der Vorteil, daß alle übertägigen und untertägigen Messungen sowie Labormessungen mit demselben Umformer, also unter gleichen elektrischen Bedingungen durchgeführt werden können. Außerdem kann unabhängig von fremden Energiequellen gemessen werden.

7. Das Verhalten des schweregefesselten Kreisels bei veränderlichem Drehimpuls

Bei Messungen mit dem Kreiselkompaß hat sich gezeigt, daß Schwankungen der aus den Umkehrpunkten berechneten Ruhelagen mit Drehimpulsschwankungen des Kreisels in Zusammenhang stehen.

Im Anschluß an JUNGWIRTH [3], der den Zusammenhang zwischen der Drehimpulsänderung und dem Ablauf der Kreiselbewegung in erster Näherung mathematisch behandelt hat, wird dieses Problem hier noch einmal eingehender untersucht:

Es werden die bereits oben aufgeführten Formelzeichen verwendet, von denen einige im folgenden eine andere Bedeutung haben:

$\beta + \beta_R$ = Winkel zwischen der Impulsachse und ihrer Projektion auf die Horizontalebene

β_R = konstanter, durch die Montage bestimmter Winkel zwischen der Kreiselachse und ihrer Projektion auf die Horizontalebene bei nicht laufendem Kreisel

t_A = Anfangszeit, Zeitpunkt des Beginns der Drehimpulsänderung

$\tau = t - t_A$ = Zeitkoordinate vom Beginn der Drehimpulsänderung an gerechnet

ε = Maß für die Größe der Drehimpulsänderung

Die vereinfachten Differentialgleichungen des schweregefesselten Kreisels für zeitlich veränderlichen Drehimpuls lauten:

$$A\alpha'' + J'(\beta + \beta_R) + J\beta' + Ju\cos\varphi \cdot \alpha = 0 \qquad (7)$$

$$-J\alpha' + M\beta \qquad\qquad - Ju\sin\varphi = 0 \qquad (8)$$

Mit $A \ll \frac{J^2}{M}$ und $\frac{J}{M} \cdot u \cdot \sin\varphi = \beta_0$ ergibt sich daraus für α

$$J\alpha'' + 2J'\alpha' + Mu\cos\varphi \cdot \alpha = -\frac{J'M}{J}(\beta_R + 2\beta_0) \tag{9}$$

Der zeitliche Verlauf des Drehimpulses sei durch die Gleichung

$$J = J_0\left[1 + \varepsilon(t - t_A)\right] \quad \text{für } t \geq t_A \tag{10}$$
$$\text{und } \varepsilon \ll 1$$

ausgedrückt.

Dann folgt aus Gleichung (9) unter Vernachlässigung der Glieder mit zweiten und höheren Potenzen von ε:

$$(1 - \varepsilon t_A + \varepsilon t)\alpha'' + 2\varepsilon \alpha' + k^2 \alpha = -\varepsilon C \tag{11}$$

$$\text{wobei } C = \frac{M}{J_0}(\beta_R + 2\beta_{00}) \tag{12}$$

und $k^2 = \frac{M}{J} u \cos\varphi$ bedeuten.

Mit den Anfangsbedingungen $\alpha_{(t=0)} = \alpha_1$ und $\alpha'_{(t=0)} = 0$ kann als Näherungslösung dieser Differentialgleichung angegeben werden:

$$\alpha(t,\tau) = \alpha_1 \cos kt + \varepsilon \left(K_1 \sin kt + K_2 \cos kt + \right.$$
$$\left. + \alpha_1 k \left\{ -\frac{C}{\alpha_1 k^3} - \frac{t_A}{2} t \sin kt - \frac{3}{4k} t \cos kt + \frac{1}{4} t^2 \sin kt \right\} \right) . \tag{13}$$

Die Konstanten K_1 und K_2 sind Funktionen des Parameterwertes t_A, also des Zeitpunktes, in welchem die Störung beginnt.

Eine Durchrechnung für die vier Spezialfälle

1. $t_A = 0$; 2. $t_A = \frac{\pi}{k}$; 3. $t_A = \frac{1}{2}\frac{\pi}{k}$ und 4. $t_A = \frac{3}{2}\frac{\pi}{k}$ ergibt

1. und 2. $\alpha(t,\tau) = \alpha_1 \cos kt + \varepsilon\left(-\frac{1}{2}C\tau^2 \pm \alpha_1 \frac{5}{8}k^2\tau^3\right)$ (14)

3. und 4. $\alpha(t,\tau) = \alpha_1 \cos kt + \varepsilon\left(-\frac{1}{2}C\tau^2 \pm \alpha_1(k\tau^2 - \frac{1}{8}k^3\tau^4)\right)$. (15)

Im Fall 1 und 2 beginnt die Störung im rechten bzw. linken Umkehrpunkt, im Fall 3 und 4 im Nulldurchgang der α-Schwingung. Diese Gleichungen konnten durch das Experiment qualitativ bestätigt werden.

7.1 Ergebnis

Die ungestörte Kreiselschwingung verläuft nach der Gleichung: $\alpha(t) = \alpha_1 \cos kt$, also rein sinusförmig. Während einer kurzzeitigen Impulsänderung weicht der Bewegungsablauf von einer reinen Sinusschwingung ab, was sich in den Bewegungsgleichungen durch Auftreten von Zusatzgliedern bemerkbar macht. Art und Größe dieser Zusatzglieder sind u.a. abhängig von der Schwingungsphase, in welcher sich der Kreisel zum Zeitpunkt des Beginns der Störung gerade befindet. Außerdem können folgende Einzelheiten aus den Gleichungen abgelesen werden:

Alle Zusatzglieder sind proportional der zeitlichen Drehimpulsänderung ε. Jede Gleichung enthält das amplitudenunabhängige Glied $\varepsilon \frac{1}{2} C \tau^2$ und ein Glied, das proportional der Amplitude α_1 ist. Der Einfluß des amplitudenabhängigen Gliedes, welches die kleine Zahl τ enthält, dürfte im Fall 1 und 2 mit τ^3 kleiner sein als im Fall 3 und 4 mit τ^2.

Das Glied $\varepsilon \frac{1}{2} C \tau^2$ verdient besondere Beachtung. Es ist nämlich nach Gleichung 12

$$C = \frac{M}{J_0} (\beta_R + 2\beta_{\infty}) \tag{16}$$

Durch entsprechende Trimmung der Kreiselkugel läßt sich der Restwinkel β_R beliebig verändern, so daß für $\beta_R = -2\beta_{\infty}$ das Glied $\varepsilon \frac{1}{2} C \tau^2$ verschwindet. Durch diese Maßnahme ist es möglich, den störenden Einfluß von Drehimpulsschwankungen auf den Schwingungsablauf zu einem Minimum werden zu lassen.

Die amplitudenabhängigen Glieder jedoch können durch Trimmen nicht Null werden, so daß deren Einfluß bei Drehimpulsänderung nach wie vor bestehen bleibt.

Hieraus ergeben sich zwei wichtige Forderungen zur Erzielung hoher Weisungsgenauigkeit.

1. Die Kreiselkugel muß möglichst gut getrimmt sein,

2. der Kreisel muß mit möglichst geringer Drehzahlschwankung laufen.

Auf Grund von Messungen mit willkürlich angebrachter Drehimpulsänderung läßt sich abschätzen, daß die Frequenzschwankungen der verwendeten Umformer von $\pm 1\%$ eine Streuung der Umkehrlagenmittel von ca. 50 bis 500^{cc} bei einer gut getrimmten Kreiselkugel verursachen können.

Um den Streubereich der Umkehrlagenmittel einzuengen, muß die Frequenzkonstanz der treibenden Wechselspannung verbessert werden. Die bisher verwendeten kleinen Maschinenumformer lassen jedoch auch durch eine Regulierungseinrichtung keine bedeutende Verbesserung der Drehzahlkonstanz zu. Deshalb sollte man zur Erzeugung des 333-Hz-Drehstroms einen Röhrengenerator verwenden, dessen Frequenz z.B. durch einen R-C- oder einen Stimmgabeoszillator auf $\pm 10^{-3}$ bis 10^{-4} konstant gehalten werden kann.

Mit größerem Aufwand, z.B. mit einem Schwingquarz, läßt sich noch höhere Frequenzkonstanz erzielen. Ob hierdurch eine weitere Steigerung der Weisungsgenauigkeit erreicht werden kann, ist noch nicht zu übersehen.

8. Zusammenfassung

Untersuchungen des Kreisels in Luft, Helium und Wasserstoff verschiedener Drucke werden beschrieben. Dadurch wird aufgeklärt, in welcher Weise das Betriebsverhalten sowie die Leistungs- und Wärmeverhältnisse von der Gasart und dem Gasdruck abhängen. Eine Trennung der Verlustleistung zeigt, daß bei der Gasreibung durch Verwendung eines leichten Gases und bei den Eisenverlusten durch Herabsetzen der Betriebsspannung am wirksamsten Leistung eingespart werden kann.

Der dreiphasige und der einphasige Betrieb des Kreisels werden miteinander verglichen. Hinsichtlich der erreichten Weisungsgenauigkeit besteht kein Unterschied. Im Hochlauf und Bremsen dagegen ist der dreiphasig betriebene Kreisel dem einphasigen überlegen. Es wird deshalb der dreiphasige Betrieb empfohlen, besonders weil die Frage der dreiphasigen Stromzuführung zum richtunggebenden System einer befriedigenden Lösung zugeführt werden konnte.

Verschiedene Möglichkeiten der Zuführung von Einphasenstrom und Dreiphasenstrom werden beschrieben und diskutiert. Eine brauchbare Lösung wurde in den Metallbandspiralen gefunden. Diese müssen als rein elastische Glieder ein wohldefiniertes, aber kleines Richtmoment und für die Dauer einer Messung eine in bestimmten Grenzen konstante Nullage haben. Die Beeinflussung der Kreiselschwingung und der Weisung wird erläutert und berechnet. Ein Meß- und Rechenverfahren zur Kleinhaltung und Berücksichtigung dieser Beeinflussung wird angegeben. Zur praktischen Anwendung wird ein geeignetes Bandmaterial ausgewählt.

Praktische Meridianweisermessungen, die im Labor und in Gruben durchgeführt wurden, geben Aufschluß über erzielte Weisungsgenauigkeiten.

Durch Ausnutzung der in bezug auf Leistungseinsparung gewonnenen Erkenntnisse wurde es möglich, den Aufwand an Zubehör zu reduzieren.

An Hand einer experimentell bestätigten Theorie über das Verhalten des schwergefesselten Kreisels bei veränderlichem Drehimpuls wird nachgewiesen, daß der störende Einfluß von Drehzahlschwankungen durch Trimmung kleingehalten, aber nicht ganz beseitigt werden kann. Daraus wird gefolgert, daß zur Erzielung höherer Weisungsgenauigkeit eine bessere Konstanthaltung der Frequenz des Drehstromgenerators eine wichtige Voraussetzung ist.

Literaturverzeichnis

[1] CHRISTOPH, P. Zur Konstruktion eines einfachen Vermessungskreisels hoher Genauigkeit.
Z. f. Verm. (1955), H. 5

[2] GRAMMEL, R. Der Kreisel, seine Theorie und seine Anwendungen.
Berlin-Göttingen-Heidelberg, Springer-Verlag

[3] JUNGWIRTH, G. Der Meridianweiser, ein neuer Vermessungskreisel.
Diss. BA. Clausthal (1949), und MadM (1950)

[4] LUDEMANN, J. Der bandaufgehängte Vermessungskreisel.
MadM (1955). Bergb.-Wiss. 1 (1954), H. 1, S. 20-26

[5] OERTGEN, F.J. Untersuchungen zum bandaufgehängten Vermessungskreisel.
Bergb.-Wiss. 4 (1957), H. 8

[6] REINHARDT, F. Stroboskopische Drehzahlmessungen.
ATM (1953), H. 9

[7] REINHARDT, F. Das allgemeine Verlustgesetz für Schaltvorgänge in geschlossenen Systemen.
Bergb.-Wiss. 4 (1957), H. 4

[8] RELLENSMANN, O. Der Vermessungskreisel, heutiger Stand und Weiterentwicklung.
Freiberger Forschungshefte (1957), H. 1

[9] SCHULER, M. Die theoretischen Grundlagen des Vermessungskreisels.
MadM (1922)

[10] STIER, K.H. Ein Vermessungskreisel mit optischer Richtungsabnahme.
MadM (1955), H. 3/4

[11] WARTENBERG, D. Antriebsproblem des Vermessungskreisels.
Diplomarbeit TH. Braunschweig, unveröffentlicht

FORSCHUNGSBERICHTE DES LANDES NORDRHEIN-WESTFALEN

Herausgegeben durch das Kultusministerium

BERGBAU

HEFT 16
Max-Planck-Institut für Kohlenforschung, Mülheim a. d. Ruhr
Arbeiten des MPI für Kohlenforschung
1953, 104 Seiten, 9 Abb., DM 17,80

HEFT 25
Gesellschaft für Kohlentechnik mbH., Dortmund-Eving
Struktur der Steinkohlen und Steinkohlen-Kokse
1953, 58 Seiten, DM 11,—

HEFT 30
Gesellschaft für Kohlentechnik mbH., Dortmund-Eving
Kombinierte Entaschung und Verschwelung von Steinkohle; Aufarbeitung von Steinkohlenschlämmen zu verkokbarer oder verschwelbarer Kohle
1953, 56 Seiten, 16 Abb., 10 Tabellen, DM 10,50

HEFT 31
Techn. Überwachungsverein e. V., Essen
Messung des Leistungsbedarfs von Doppelsteg-Kettenförderern
1954, 54 Seiten, 18 Abb., 3 Anlagen, DM 11,—

HEFT 40
Amt für Bodenforschung, Krefeld
Untersuchungen über die Anwendbarkeit geophysikalischer Verfahren zur Untersuchung von Spateisengängen im Siegerland
1953, 46 Seiten, 8 Abb., DM 8,80

HEFT 58
Gesellschaft für Kohlentechnik mbH., Dortmund-Eving
Herstellung und Untersuchung von Steinkohlenschwelteer
1954, 74 Seiten, 9 Abb., 9 Tabellen, DM 13,75

HEFT 120
Dipl.-Ing. A. Weisbecker, Lüdenscheid
Über Anfressung an Reinstaluminium-Schweißnähten bei der elektrolytischen Oxydation
Gebr. Hörstermann GmbH., Velbert
Entwicklung und Erprobung eines neuartigen Gummibandförderers
1955, 46 Seiten, 18 Abb., DM 9,70

HEFT 123
Dipl.-Ing. J. Emondts, Aachen
Über Bodenverformungen bei stark gestörtem und mächtigem, wasserführendem Deckgebirge im Aachener Steinkohlengebiet
1955, 196 Seiten, 37 Abb., 10 Tabellen, DM 28,80

HEFT 139
Prof. Dr. W. Fuchs †, Aachen
Studien über die thermische Zersetzung der Kohle und die Kohlendestillatprodukte
1955, 64 Seiten, 20 Abb., 22 Tabellen, DM 11,80

HEFT 179
Dipl.-Ing. H. F. Reineke, Bochum
Entwicklungsarbeiten auf dem Gebiete der Meß- und Regeltechnik
1955, 46 Seiten, 10 Abb., DM 10,—

HEFT 248
Rheinische Aktiengesellschaft für Braunkohlenbergbau und Brikettfabrikation, Köln
Untersuchung der Bindemitteleigenschaften von Braunkohlenfilteraschen
1956, 176 Seiten, 26 Abb., 30 Tabellen, DM 35,60

HEFT 252
Dipl.-Ing. H. Frings, Geilenkirchen
Die Wirkung abfallender Wetterführung auf Wettertemperatur, Grubengasgehalt und Staubbildung
1957, 118 Seiten, 15 Abb., 23 Tabellen, z. T. auf großformatigen Falttafeln, DM 35,70

HEFT 253
Dipl.-Ing. S. Schirmanski, Berghausen
Stand und Auswertung der Forschungsarbeiten über Temperatur- und Feuchtigkeitsgrenzen bei der bergmännischen Arbeit
1957, 70 Seiten, 24 Abb., 12 Tabellen, DM 17,10

HEFT 258
Dr. H. Paul, Linz (Rhein) und Prof. Dr. O. Graf, Dortmund
Zur Frage der Unfälle im Bergbau
1956, 52 Seiten, 9 Abb., 22 Tabellen, DM 11,20

HEFT 269
Markscheider R. Bals, Bochum
Eignung des Gebirgsankerausbaus zur Erleichterung des Streckenvortriebs im Steinkohlenbergbau
1956, 84 Seiten, 41 Abb., DM 18,75

HEFT 337
Dr. R. Hoeppener und Dr. W. Bierther, Bonn
Tektonik und Lagerstätten im Rheinischen Schiefergebirge
1957, 66 Seiten, 14 Abb., DM 16,25

HEFT 343
Prof. Dr.-Ing. W. Petersen und Dipl.-Ing. S. Wawroschek, Aachen
Die zweckmäßigsten Gütebestimmungsverfahren und Brikettierungsbedingungen bei der Erzeugung von Braunkohlen-Eisenerz-Briketts
1956, 64 Seiten, 28 Abb., DM 13,95

HEFT 346
Dipl.-Ing. O. Arnold, Aachen
Erfahrungen mit Kernbohrungen zur Lagerstättenuntersuchung im Erzbergbau
1957, 36 Seiten, 2 Abb., 3 Falttafeln, 7 Tabellen, DM 8,80

HEFT 352
Dipl.-Ing. H. Fauser, Aachen
Fahrdynamik und Batterie-Arbeitsverbrauch von Akkumulatorenlokomotiven im Untertagebetrieb
1957, 152 Seiten, 50 Abb., 27 Diagramme, DM 36,10

HEFT 374
Dr. E. Paproth, Krefeld
Paläontologische Bearbeitung der in den devonischen Schichten des Siegerlandes enthaltenen Faunen
1957, 38 Seiten, 3 Tabellen, DM 8,30

HEFT 399
Prof. Dr. habil. H. E. Schwiete und Dr.-Ing. R. Vinkeloe, Aachen
Möglichkeiten der quantitativen Mineralanalyse mit dem Zählrohrgerät unter besonderer Berücksichtigung der Mineralgehaltsbestimmung von Tonen
1958, 102 Seiten, 34 Abb., 1 Tabelle, DM 26,70

HEFT 477
Sozialforschungsstelle an der Universität Münster zu Dortmund
Beiträge zur Soziologie der Gemeinden. Teil I:
Dr. K. Utermann, Dortmund
Freizeitprobleme bei der männlichen Jugend einer Zechengemeinde
1957, 56 Seiten, DM 12,75

HEFT 478
Prof. Dr.-Ing. habil. W. Petersen und Dr.-Ing. S. Wawroschek, Aachen
Brikettierungsversuche zur Erzeugung von Möllerbriketts unter Verwendung von Braunkohle
1957, 102 Seiten, 42 Abb., 6 Tabellen, DM 24,25

HEFT 484
Prof. Dr. phil. habil. H. E. Schwiete und Dr. G. Franzen, Aachen
Beitrag zur Struktur des Montmorillonit
1958, 76 Seiten, 23 Abb., DM 22,-

HEFT 490
Hauptstelle für Staub- und Silikosebekämpfung des Steinkohlenbergbauvereins, Essen-Rüttenscheid
Zur Staub- und Silikosebekämpfung im Steinkohlenbergbau
1958, 90 Seiten, 47 Abb., 7 Tabellen, DM 26,20

HEFT 502
Prof. Dr. M. Diem und Dr. R. Trappenberg, Karlsruhe
Berechnung der Ausbreitung von Staub und Gas
1957, 18 Seiten Text und 67 z. T. großformatige zweifarbige Diagramme, DM 37,30

HEFT 518
Dr.-Ing. H. Scheffler, Dortmund
Funktionelle Zusammenhänge der dynamischen Einflußgrößen beim handgeführten Druckluft-Abbauhammer und ihre Berücksichtigung für die Konstruktion rückstoßarmer Hämmer
1958, 124 Seiten, 68 Abb., 11 Tabellen, DM 34,65

HEFT 522
Dr.-Ing. J. Lorentz, Bonn und Dr.-Ing. K. Brocks, Mülheim/Ruhr
Elektrische Meßverfahren in der Geodäsie
1958, 108 Seiten, 49 Abb., 5 Tabellen, DM 28,—

HEFT 534
Oberbergamtsdirektor H. Sanders, Dortmund
Seismische Forschungsarbeiten im Ostteil des Grubenfeldes König Ludwig
in Vorbereitung

HEFT 545
Prof. Dr. phil. habil. H. E. Schwiete, Dr. rer. nat. G. Ziegler und Dipl.-Ing. Ch. Kliesch, Aachen
Thermochemische Untersuchungen über die Dehydration des Montmorillonits
1958, 48 Seiten, 16 Abb., 4 Tabellen, DM 15,40

HEFT 559
Prof. Dr. phil. habil. H. E. Schwiete und Dipl.-Chem. R. Gauglitz, Aachen
Die Verflüssigung von Montmorillonitschlämmen
1958, 66 Seiten, 15 Abb., 5 Tabellen, DM 19,30

HEFT 562
Dr.-Ing. H. Schenck, Prof. Dr. phil. habil N. G. Schmahl und Dr.-Ing. G. Funke, Aachen
Die Reduzierbarkeit von Eisenerzen
in Vorbereitung

HEFT 575
Prof. Dr. phil. habil. C. Kröger, Aachen
Verkokungsverhalten der Steinkohlenmacerale und ihrer Mischungen
1958, 58 Seiten, 18 Abb., 19 Tabellen, DM 18,70

HEFT 580
Prof. Dr.-Ing. A. Götte und Dipl.-Chem. G. Scholz, Aachen
Unterstützung der Entwässerung von Feinkohle durch chemische Hilfsmittel
in Vorbereitung

HEFT 603
Prof. Dr.-Ing. L. Engel und Dr.-Ing. J. Foerster, Clausthal-Zellerfeld
Gummielastische Stoffe als Dämpfungselemente an schlagenden Werkzeugen
in Vorbereitung

HEFT 625
Prof. Dr.-Ing. habil. W. Petersen und Dr.-Ing. S. Wawroscheck, Aachen
Brikettierungsversuche zur Erzeugung von Möllerbriketts für die Schwelverhüttung

HEFT 665
Dr. phil. habil. R. Köhler, Dr.-Ing. W. Ostermann, Bochum
Geräuschuntersuchungen an Druckluftmotoren
in Vorbereitung

HEFT 686
Dr.-Ing. D. Wartenberg, Clausthal-Zellerfeld
Untersuchungen über die Stromzuführung und den elektrischen Antrieb beim Vermessungskreisel
in Vorbereitung

Ein Gesamtverzeichnis der Forschungsberichte, die folgende Gebiete umfassen, kann bei Bedarf vom Verlag angefordert werden:
Acetylen / Schweißtechnik – Arbeitspsychologie und -wissenschaft – Bau / Steine / Erden – Bergbau – Biologie – Chemie – Eisenverarbeitende Industrie – Elektrotechnik / Optik – Fahrzeugbau / Gasmotoren – Farbe / Papier / Photographie – Fertigung – Gaswirtschaft – Hüttenwesen / Werkstoffkunde – Luftfahrt / Flugwissenschaften – Maschinenbau – Medizin / Pharmakologie / Physiologie – NE-Metalle – Physik – Schall / Ultraschall – Schiffahrt – Textiltechnik / Faserforschung / Wäschereiforschung – Turbinen – Verkehr – Wirtschaftswissenschaften.

MIX
Papier aus verantwortungsvollen Quellen
Paper from responsible sources
FSC® C105338

If you have any concerns about our products,
you can contact us on
ProductSafety@springernature.com

In case Publisher is established outside the EU,
the EU authorized representative is:
Springer Nature Customer Service Center GmbH
Europaplatz 3, 69115 Heidelberg, Germany

Printed by Libri Plureos GmbH
in Hamburg, Germany